视频教学

# 步步图解

# 电子元器件应用与检测技能

## 器件、仪表、维修实战，一应俱全

分解图　直观学　易懂易查
看视频　跟着做　快速上手

双色印刷

韩雪涛　主编

吴瑛　韩广兴　副主编

U0174235

机械工业出版社
CHINA MACHINE PRESS

本书全面系统地讲解了电子元器件的种类、特点、识别、检测及应用的专业知识和实操技能。为了确保图书的品质和特色，本书对电工电子领域所应用的电子元器件进行了系统的整理，并将国家职业资格标准和行业培训规范融入到了图书的教学体系中。具体内容包括：电阻器的应用与检测、电容器的应用与检测、电感器的应用与检测、二极管的应用与检测、晶体管的应用与检测、场效应晶体管的应用与检测、晶闸管的应用与检测、传感器的应用与检测、集成电路的应用与检测、常用电气部件的应用与检测、变压器的应用与检测、电动机的应用与检测，以及电子元器件检测综合应用案例。

本书可供电工技术入门人员、电子技术入门人员及维修技术入门人员学习使用，也可供相关职业院校师生和相关电工电子技术爱好者阅读。

## 图书在版编目（CIP）数据

步步图解电子元器件应用与检测技能/韩雪涛主编. —北京：机械工业出版社，2021.5
ISBN 978-7-111-67782-6

Ⅰ.①步… Ⅱ.①韩… Ⅲ.①电子元器件－图解 Ⅳ.①TN6-64

中国版本图书馆 CIP 数据核字（2021）第 048714 号

机械工业出版社（北京市百万庄大街22号 邮政编码100037）
策划编辑：任 鑫 责任编辑：任 鑫
责任校对：陈 越 封面设计：王 旭
责任印制：常天培
北京铭成印刷有限公司印刷
2021 年 7 月第 1 版第 1 次印刷
148mm×210mm·10 印张·286 千字
标准书号：ISBN 978-7-111-67782-6
定价：45.00 元

近几年，随着电子技术的不断发展，电子产品生产、制造、保养、维护及电气安装、调试维修等领域都需要具备高素质的从业人员。这其中一项非常重要的基础技能就是电子元器件的识别、检测与应用技能。

作为电工电子从业者的基础技能，电子元器件检测与应用需要具备系统的专业知识，同时还要熟练地掌握实操技能。如何能够在短时间内完成知识的系统化学习，同时能够得到专业的实操技能指导成为很多从业者面临的问题。

本书是专门针对电子元器件检测与应用技能的"图解类"技能指导培训图书。

针对新时代读者的特点和需求，本书从知识架构、内容安排、呈现方式等多方面进行了全新的创新和尝试。

1. 知识架构

本书对电子元器件应用与检测的知识体系进行了系统的梳理。从基础知识开始，从实用角度出发，成体系地、循序渐进地讲解知识，教授技能，让读者了解加深基础知识，避免工作中出现低级错误，明确基本技能的操作方法，提高基本职业素养。

2. 内容安排

本书注重基础知识的实用性和专业技能的实操性。在基础知识方面，以技能为主导，知识以实用、够用为原则；在内容的讲解方面，力求简单明了，充分利用图片化演示代替冗长的文字说明，让读者直观地通过图例掌握知识内容；在技能的锻炼方面，以实际案例为依托，注重技能的规范性和延伸性，力求让读者通过技能训练掌握过硬的本领，指导实际工作。

### 3. 呈现方式

本书充分发挥图解特色，在专业知识方面，将晦涩难懂的冗长文字简化、包含在图中，让读者通过读图便可直观地掌握所要体现的知识内容。在实操技能方面，通过大量的操作照片、细节图解、透视图、结构图等图解演绎手法让读者在第一时间得到最直观、最真实的案例重现，确保在最短时间内获得最大的收获，从而指导工作。

### 4. 版式设计

本书在版式的设计上更加丰富，多个模块的互补既确保学习和练习的融合，又增强了互动性，提升了学习的兴趣，充分调动学习者的主观能动性，让学习者在轻松的氛围下自主地完成学习。

### 5. 技术保证

在图书的专业性方面，本书由数码维修工程师鉴定指导中心组织编写，图书编委会中的成员都具备丰富的维修知识和培训经验。书中所有的内容均来源于实际的教学和工作案例，从而确保图书的权威性、真实性。

### 6. 增值服务

在图书的增值服务方面，本书依托数码维修工程师鉴定指导中心提供全方位的技术支持和服务。为了获得更好的学习效果，本书充分考虑读者的学习习惯，在图书中增设了二维码学习方式。读者可以通过手机扫描二维码即可打开相关的学习视频进行自主学习，不仅提升了学习效率，同时增强了学习的趣味性和效果。

读者在阅读过程中如遇到任何问题，可通过以下方式与我们取得联系：

网络平台：www.chinadse.org

咨询电话：022-83718162/83715667/13114807267

联系地址：天津市南开区华苑产业园区天发科技园8-1-401

邮政编码：300384

为了方便读者学习，本书电路图中所用的电路图形符号与厂商实物标注（各厂商的标注不完全一致）一致，未进行统一处理。

在专业知识和技能提升方面，我们也一直在学习和探索，由于水平有限，编写时间仓促，书中难免会出现一些疏漏，欢迎读者指正，也期待与您的技术交流。

# 目 录

前言

P70, P81, P84

P116, P121

P137

P153、P154、P158

P183、P190
P192、P194

# 第1章
# 电阻器的应用与检测

## 1.1 电阻器的特点与功能应用

### 1.1.1 电阻器的种类特点

电阻器简称电阻，是电子产品中最基本、最常用的电子元器件之一。电阻器可分为阻值固定的电阻器和阻值可变的电阻器两大类。

 **1. 阻值固定的电阻器**

阻值固定的电阻器根据制造工艺的不同，主要有碳膜电阻器、金属膜电阻器、金属氧化膜电阻器、合成碳膜电阻器、玻璃釉电阻器、水泥电阻器、排电阻器和熔断器。

扫一扫看视频

（1）碳膜电阻器

碳膜电阻器的电路标识通常为"—▭—"，用字母 RT 表示。这种电阻器是将碳在真空高温的条件下分解的结晶碳蒸镀沉积在陶瓷骨架上制成的。这种电阻器的电压稳定性好，造价低，在普通电子产品中应用非常广泛。图 1-1 所示为典型碳膜电阻器的实物外形。

> **要点说明**
>
> 碳膜电阻器通常采用色环法标注阻值。色环的颜色不同、位数不同所代表的阻值也不同。

1

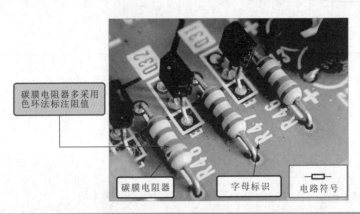

图1-1　典型碳膜电阻器的实物外形

（2）金属膜电阻器

金属膜电阻器的电路标识通常为"——▭——"，用字母 RJ 表示。金属膜电阻器是将金属或合金材料在真空高温的条件下加热蒸发沉积在陶瓷骨架上制成的。这种电阻器具有耐高温性能较强、温度系数小、热稳定性好、噪声小等优点。图1-2 所示为典型金属膜电阻器的实物外形。

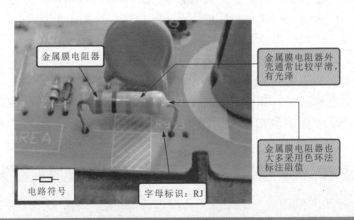

图1-2　典型金属膜电阻器的实物外形

这种电阻器的阻值也采用色环标注的方法，与碳膜电阻器相比，其体积更小，但价格也较高。

（3）金属氧化膜电阻器

金属氧化膜电阻器的电路标识通常也为"—▭—"，用字母 RY 表示。金属氧化膜电阻器就是将锡和锑的金属盐溶液进行高温喷雾沉积在陶瓷骨架上制成的。这种电阻器比金属膜电阻器的性能更为优越，具有抗氧化、耐酸、抗高温等特点。图 1-3 所示为典型金属氧化膜电阻器的实物外形。

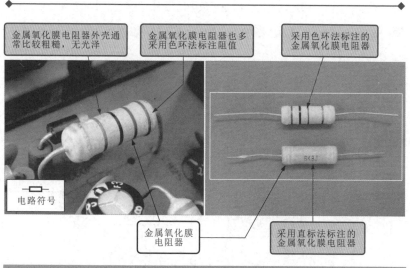

图1-3　典型金属氧化膜电阻器的实物外形

（4）合成碳膜电阻器

合成碳膜电阻器的电路标识通常为"—▭—"，用字母 RH 表示。合成碳膜电阻器是将炭黑、填料还有一些有机黏合剂调配成悬浮液，喷涂在绝缘骨架上，再进行加热聚合而成的。合成碳膜电阻器是一种高压、高阻的电阻器，通常它的外层被玻璃壳封死。图 1-4 所示为典型合成碳膜电阻器的实物外形。这种电阻器通常采用色环法标注阻值。

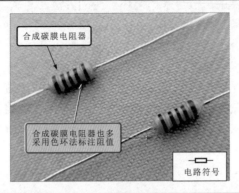

图1-4　典型合成碳膜电阻器的实物外形

相关资料

　　从外形来看，碳膜电阻器、金属膜电阻器、金属氧化膜电阻器、合成碳膜电阻器十分相似，因此这几种电阻器的外形特性没有明显区别，且基本都为色环式电阻器，直观区分类型确实有难度，通常我们可以根据它的型号标识来区分，如图1-5所示。

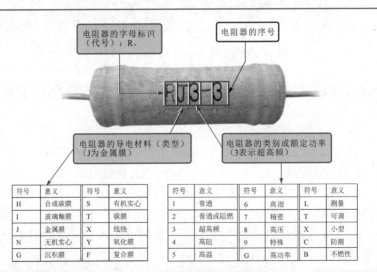

| 符号 | 意义 | 符号 | 意义 |
|---|---|---|---|
| H | 合成碳膜 | S | 有机实心 |
| I | 玻璃釉膜 | T | 碳膜 |
| J | 金属膜 | X | 线绕 |
| N | 无机实心 | Y | 氧化膜 |
| G | 沉积膜 | F | 复合膜 |

| 符号 | 意义 | 符号 | 意义 | 符号 | 意义 |
|---|---|---|---|---|---|
| 1 | 普通 | 6 | 高湿 | L | 测量 |
| 2 | 普通或阻燃 | 7 | 精密 | T | 可调 |
| 3 | 超高频 | 8 | 高压 | X | 小型 |
| 4 | 高阻 | 9 | 特殊 | C | 防潮 |
| 5 | 高温 | G | 高功率 | B | 不燃性 |

图1-5　电阻器的型号标识规则

（5）玻璃釉电阻器

玻璃釉电阻器的电路标识通常为"—▭—"，用字母 RI 表示。玻璃釉电阻器就是将银、铑、钌等金属的氧化物和玻璃釉黏合剂调配成浆料，喷涂在绝缘骨架上，再进行高温聚合而成的，这种电阻器具有耐高温、耐潮湿、稳定、噪声小、阻值范围大等特点。图1-6所示为典型玻璃釉电阻器的实物外形。这种电阻器通常采用直标法标注阻值。

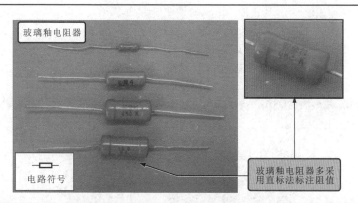

图1-6　典型玻璃釉电阻器的实物外形

（6）水泥电阻器

水泥电阻器的电路标识通常为"—▭—"。这种电阻器是采用陶瓷、矿质材料封装的，其特点是功率大，阻值小，具有良好的阻燃、防爆特性。图1-7所示为典型水泥电阻器的实物外形。

通常，电路中的大功率电阻器多为水泥电阻器，当负载短路时，水泥电阻器的电阻丝与焊脚间的压接处会迅速熔断，对整个电路起限流保护的作用。这种电阻器的阻值通常采用直接标注法标注。

（7）排电阻器

排电阻器的电路标识通常为"▯▯···▯"。排电阻器简称排阻，这种电阻器是将多个分立的电阻器按照一定规律排列集成为一个组合型电阻器，也称为集成电阻器电阻阵列或电阻器网络。图1-8所示为典型排电阻器的实物外形。

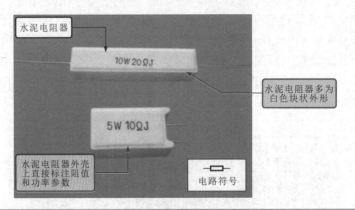

图1-7　典型水泥电阻器的实物外形

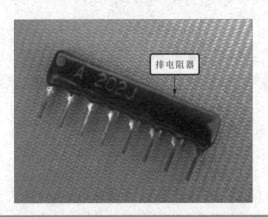

图1-8　典型排电阻器的实物外形

（8）熔断器

熔断器俗称保险丝，其电路符号为"━▭━"，它是一种具有过电流保护功能的熔丝，多安装在电路中，是一种保证电路安全运行的电气元器件。图1-9所示为熔断器实物外形。

熔断器的阻值为0Ω，当电流过大时，熔断器就会熔断，从而对电路起保护作用。

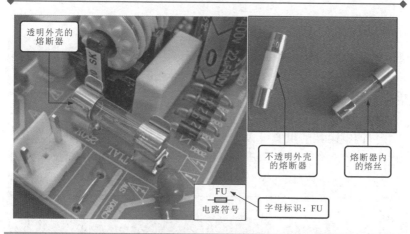

透明外壳的熔断器

不透明外壳的熔断器

熔断器内的熔丝

FU
电路符号

字母标识：FU

图1-9　熔断器的实物外形

相关资料

　　在以前的电子产品中，还经常可以看到如图1-10所示的电阻器。这种电阻器叫实心电阻器，它是由有机导电材料或无机导电材料以及一些导电不良的材料混合并加入黏合剂后压制而成的。这种电阻器通常采用直标法标注阻值，其制作成本低，但阻值误差较大，稳定性较差，因此目前电路中已经很少采用。

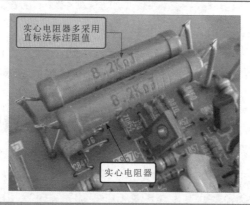

实心电阻器多采用直标法标注阻值

实心电阻器

图1-10　实心电阻器

### 2. 阻值可变电阻器

阻值可变电阻器的阻值可在人为作用或环境因素的变化下改变。常见的有可调电阻器、热敏电阻器、光敏电阻器、湿敏电阻器、气敏电阻器、压敏电阻器。

（1）可调电阻器

可调电阻器的阻值可以在人为作用下在一定范围内进行变化调整。它的电路符号为"$-\!\!\!\!\!\swarrow\!\!\!\!-$"，用字母RP表示。图1-11所示为典型可调电阻器的实物外形。

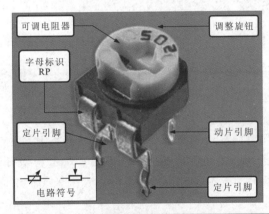

图1-11　典型可调电阻器的实物外形

可调电阻器一般有3个引脚，其中有两个定片引脚和一个动片引脚，还有一个调整旋钮。通过调整旋钮可以改变动片，从而改变可调电阻器的阻值。可调电阻器常用在电阻值需要调整的电路中，如电视机的亮度调谐器件或收音机的音量调节器件等。

### 🌀 要点说明

可调电阻器的阻值是可以调整的，通常包括最大阻值、最小阻值和可变阻值三个阻值参数。最大阻值和最小阻值都是可调电阻器的调整旋钮旋转到极端时的阻值。最大阻值与可调电阻器的标称阻值十分相近；最小阻值就是该可调电阻器的最小阻值，一般为0Ω，也有些可调电阻器最小阻值不是0Ω；可变阻值是对可调电阻器的调整旋钮进行随意的调整，然后测得的阻值，该阻值在最小阻值与最大阻值之间随调整旋钮的变化而变化。

（2）热敏电阻器

热敏电阻器大多是由单晶、多晶半导体材料制成的，电路符号为"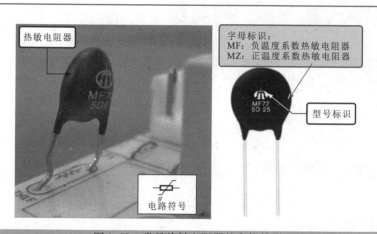"，用字母 MZ 或 MF 表示。图 1-12 所示为典型常见热敏电阻器的实物外形。热敏电阻器的特点是其阻值会随外界温度的变化而变化。

图 1-12　常见热敏电阻器的实物外形

相关资料

热敏电阻器又可细分为正温度系数（PTC）热敏电阻器和负温度系数（NTC）热敏电阻器两种。

其中，正温度系数热敏电阻器（MZ）的阻值随温度的升高而升高，随温度的降低而降低；负温度系数热敏电阻器（MF）的阻值随温度的升高而降低，随温度的降低而升高。在电视机、音响设备、显示器等电子产品的电源电路中，多采用 NTC 热敏电阻器。

（3）光敏电阻器

光敏电阻器是一种由半导体材料制成的电阻器，电路符号为
"——"，用字母 MG 表示。图 1-13 所示为典型光敏电阻器的实物
外形。光敏电阻器的特点是当外界光照强度变化时，光敏电阻器的
阻值会随之变化。

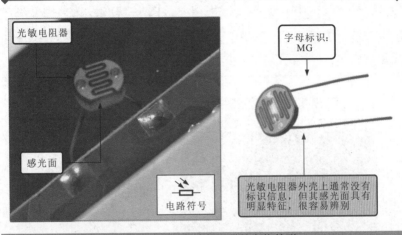

图 1-13　常见光敏电阻器的实物外形

光敏电阻器大多数是由半导体材料制成的。它利用半导体的光
导电特性，使电阻器的电阻值随入射光线的强弱发生变化（即当入
射光线增强时，它的阻值会明显减小；当入射光线减弱时，它的阻
值会显著增大）。

（4）湿敏电阻器

湿敏电阻器的阻值随周围环境湿度的变化而发生变化（一般为
湿度越高，阻值越小），常用作传感器，用于检测湿度。其电路符号
为"——"，用字母 MS 表示。图 1-14 所示为典型常见湿敏电阻
器的实物外形。

湿敏电阻器是由感湿片（或湿敏膜）、引线电极和具有一定强度
的绝缘基体组成的。

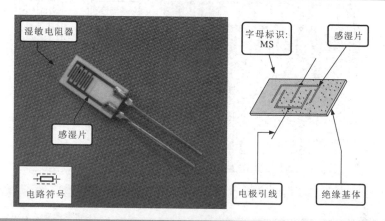

图 1-14　典型常见的湿敏电阻器的实物外形

**要点说明**

　　湿敏电阻器又可细分为正系数湿敏电阻器和负系数湿敏电阻器两种。正系数湿敏电阻器是当湿度增加时，阻值明显增大；当湿度减少时，阻值会显著减小。负系数湿敏电阻器是当湿度减少时，阻值会明显增大；当湿度增大时，阻值会显著减小。

　　（5）气敏电阻器

　　气敏电阻器是利用金属氧化物半导体表面吸收某种气体分子时，会发生氧化反应或还原反应而使电阻值改变的特性而制成的，电路符号为"   "，用字母 MQ 表示。图 1-15 所示为典型气敏电阻器的实物外形。

　　气敏电阻器是将某种金属氧化物粉料添加少量铂催化剂、激活剂及其他添加剂，按一定比例烧结而成的半导体器件。它可以把某种气体的成分、浓度等参数转换成电阻变化量，再转换为电流、电压信号。其常作为气体感测元件，制成各种气体的检测仪器或报警器产品，如酒精测试仪、煤气报警器、火灾报警器等。

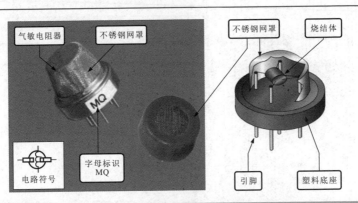

图 1-15　典型气敏电阻器的实物外形

相关资料

　　上述介绍到几种常见的电阻器都有一个共同特点，即在电路板中的安装方式均为直插式，采用这种安装方式的电阻器均可称为分立式电阻器。相对分立式而言，还有一种贴片式电阻器，即采用贴装方式安装在电路板中的电阻器，目前在大多数字、数码产品中，如液晶电视机、手机、数码相机、计算机中广泛使用。

　　图 1-16 所示为常见贴片式电阻器的实物外形。贴片式电阻器具有体积小、批量贴装方便等特点，目前集成度较高的电路板中大多采用贴片式电阻器。

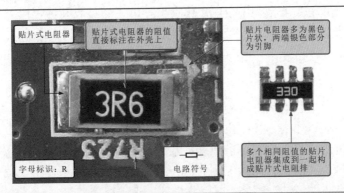

图 1-16　常见贴片式电阻器的实物外形

（6）压敏电阻器

压敏电阻器是利用半导体材料的非线性特性的原理制成的，电路符号为""，用字母 MY 表示。图 1-17 所示为典型常见压敏电阻器的实物外形。压敏电阻器的特点是当外加电压施加到某一临界值时，阻值急剧变小，常用作过电压保护器件。

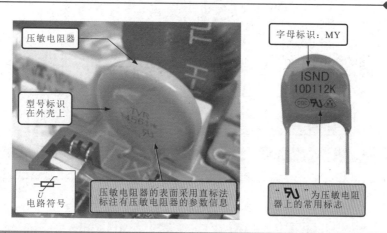

图 1-17　典型常见压敏电阻器的实物外形

## 1.1.2　电阻器的功能应用

###  1. 电阻器的限流功能

电阻器阻碍电流的流动是它最基本的功能。根据欧姆定律，当电阻器两端的电压固定时，电阻值越大，流过它的电流则越小，因而电阻器常用作限流元件。图 1-18 所示为电阻器实现限流功能的示意图。

### 2. 电阻器的分压功能

图 1-19 所示是用电阻器实现分压功能的示意图。图中晶体管要处于最佳放大状态，要选择线性放大状态，静态时的基极电流和集电极电流要满足此要求，其基极电压 2.85V 为最佳状态，为此要设置一个电阻器分压电路 R1 和 R2，将 18V 分压成 2.85V 为晶体管基极供电。

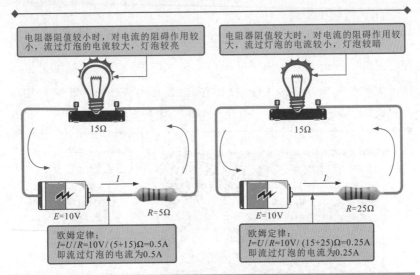

图 1-18　电阻器实现限流功能的示意图

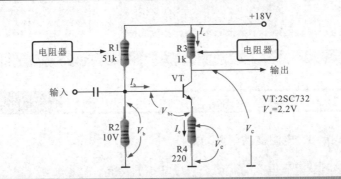

图 1-19　用电阻器实现分压功能的示意图

## 1.2　电阻器的检测

### 1.2.1　阻值固定电阻器的检测

阻值固定的电阻器通常采用色环标记或直接标注的方法，标记该电阻器的阻值，使用万用表检测时先根据电阻器的标识识读出该电阻器的固定阻值（标称阻值），然后调整万用表的量程，测量其实际阻值。若实际测量值与标称阻值相近，则说明该电阻器正常；若实际测量值与标称阻值不符，则说明该电阻器损坏。

扫一扫看视频

图 1-20 所示为阻值固定电阻器的检测方法。

识读待测电阻器的标称阻值：240Ω±5%

调整档位旋钮至"×10"欧姆档，并欧姆调零操作

使用指针万用表调好档位后，进行欧姆调零，使指针指在0Ω的位置

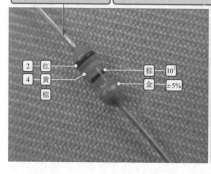

调整调零旋钮

将万用表的两只表笔分别搭在待测电阻器的两端

万用表测电阻无需区分正负极

观察万用表表盘读出实测数值为240Ω

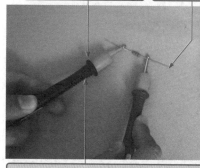

测量时手不要碰到表笔的金属部分，也不要碰到电阻器的两只引脚，否则人体电阻并联待测电阻器上影响测量准确性

实测数值=表盘指示数值×量程，即24×10Ω=240Ω

图 1-20　普通电阻器的开路检测方法

## 1.2.2　阻值可变电阻器的检测

扫一扫看视频

　　在对可调电阻器进行检测时，通常可使用万用表测阻值法进行检测。检测时手动调节可调电阻器的调整部分改变其阻值，通过检测到电阻值的变化来判断其好坏。可调电阻器的检测方法如图 1-21 所示。

【1】将万用表红黑表笔分别搭在可调电阻器的两个定片引脚上

【2】万用表应显示出一个固定的阻值，应等于标称阻值

定片引脚

定片引脚

a）检测可调电阻器两定片间的阻值

【3】将两表笔搭在可调电阻器的定片引脚和动片引脚上

【4】使用螺钉旋具分别顺时针和逆时针调节可调电阻器的调整旋钮

【5】正常情况下，随着螺钉旋具的转动，万用表的指针将在零到标称值之间平滑摆动

动片引脚

定片引脚

b）检测可调电阻器定片与动片间的阻值

图 1-21　可调电阻器的检测方法

根据实测结果可对可调电阻器的好坏做出判断：若测得动片引

脚与任一定片引脚之间的阻值大于标称阻值，说明可调电阻器已出现了开路故障；若用螺钉旋具调节可调电阻器可调旋钮时，电阻值变化不稳定（跳动），则说明可调电阻器存在接触不良现象；若定片与动片之间的最大电阻值和定片与动片之间的最小电阻值十分接近，则说明该可调电阻值已失去调节功能。此外，在路测量时应注意外围元器件的影响。

# 1.3　电阻器的选用代换

## 1.3.1　电阻器的选用

 **1. 普通电阻器的代换原则与注意事项**

正是由于普通电阻器本身的功能特点，在一些应用环境和实际的电子电路中，应合理、恰当地选用来实现某些特定的功能，以使电路设计更加科学和完善。一般情况下，碳膜电阻器、金属膜电阻器、金属氧化膜电阻器、薄膜电阻器、实心电阻器、合金电阻器的分布电感和分布电容较小，适用于各种电路中，其选用原则和选用注意事项见表1-1。

表1-1　普通电阻器的选用原则和选用注意事项

| 类型 | 特点 | 适用电路 | 选用注意事项 |
|---|---|---|---|
| 碳膜电阻器 | 分布电感和分布电容小 | 各种电路 | • 选用电阻器的标称阻值与所需电阻器阻值差值越小越好<br>• 一般电路中选用电阻器允许偏差为 ±5% ～ ±10%<br>• 所选电阻器的额定功率，应符合应用电路中对电阻器功率容量的要求。一般所选电阻器的额定功率应大于实际承受功率的两倍以上 |
| 金属膜电阻器 | | | |
| 金属氧化膜电阻器 | | | |
| 薄膜电阻器 | | | |
| 实心电阻器 | | | |
| 合金电阻器 | | | |

对于线绕电阻器，一般用于一些低频电路或中频电路中，用作

限流、分压等，其选用原则和选用注意事项见表1-2。

表1-2　线绕电阻器的选用原则和选用注意事项

| 类型 | 特点 | 适用电路 | 选用注意事项 |
|---|---|---|---|
| 线绕电阻器 | 数值精确、功率较大，电流噪声小，耐高温，但体积较大 | 低频电路或中频电路中作限流电阻器、分压电阻器、泄放电阻器或大功率管的偏压电阻器 | • 线绕电阻器存在电感，在交流电路中，电阻值会附加感抗，电感产生的感抗会对交流信号产生阻碍作用，相当于电阻加大。交流频率越高，感抗越大<br>• 所选电阻器的额定功率，应符合应用电路中对电阻器功率容量的要求。一般所选电阻器的额定功率应大于实际承受功率的两倍以上 |

熔断电阻器一般用于过电流、过电压保护电路中，其选用原则和选用注意事项见表1-3。

表1-3　熔断电阻器的选用原则和选用注意事项

| 类型 | 特点 | 适用电路 | 选用注意事项 |
|---|---|---|---|
| 熔断电阻器 | 在过负荷时能够快速熔断 | 过电流、过电压保护电路（如彩色电视机行管供电保护电路中） | • 根据电路的具体要求选择阻值和功率<br>• 电阻值过大或功率过大，均不能起到保护作用 |

水泥电阻器一般用于限流保护电路中，其选用原则和选用注意事项见表1-4。

表1-4　水泥电阻器的选用原则和选用注意事项

| 类型 | 特点 | 适用电路 | 选用注意事项 |
|---|---|---|---|
| 水泥电阻器 | 电阻丝同焊脚引线之间采用压接方式，在负载短路时，可迅速在压接处熔断，阻值小、功率大 | 限流保护电路（如开关电源电路或行电路中电流较大的电路部分） | • 选用电阻器的标称阻值与所需电阻器阻值差值越小越好<br>• 所选电阻器的额定功率，应符合应用电路中对电阻器功率容量的要求。一般所选电阻器的额定功率应大于实际承受功率的两倍以上 |

**2. 阻值可变电阻器的代换原则与注意事项**

阻值可变电阻器的选用代换原则与注意事项见表1-5。

表1-5　阻值可变电阻器的选用代换原则与注意事项

| 类型 | 特点 | 适用电路 | 选用注意事项 |
|---|---|---|---|
| 阻值可变电阻器 | 阻值可变可调整 | 电视机的亮度调谐器件或收音机的音量调节器件、充电器电路等 | • 选用阻值可变电阻器时应注意其额定电阻值应符合电路设计要求<br>• 阻值可变范围不应超出电路承受力<br>• 最大阻值、最小阻值、可变值的大小 |

气敏电阻器根据结构不同主要可以分为 N 型气敏电阻器和 P 型气敏电阻器，其选用代换原则和注意事项见表1-6。

表1-6　N 型和 P 型气敏电阻器的代换原则和注意事项

| 类型 | 特点 | 适用电路 | 选用注意事项 |
|---|---|---|---|
| N 型气敏电阻器 | 在检测到敏感气体浓度增大时，其电阻值将减小 | 各种可燃气体、有毒气体和烟雾等方面的检测及自动控制电路，如化工生产中气体成分的检测与控制、煤矿瓦斯浓度的检测与报警、环境污染情况的监测等 | • 选用气敏电阻器时，应注意应用电路所检测气体的类型，由此选用不同类型的气敏电阻器<br>• 所选用气敏电阻器的尺寸应符合电路要求<br>• 所选用气敏电阻器的额定电压、功率及电流值应符合应用电路的要求 |
| P 型气敏电阻器 | 在检测到敏感气体浓度增大时，其电阻值将增大 | 各种可燃气体、有毒气体和烟雾等方面的检测及自动控制电路，如煤矿瓦斯浓度的检测与报警、环境污染情况的监测、煤气泄漏报警、火灾报警 | |

压敏电阻器一般用于过电压保护电路中，其选用代换原则和注意事项见表1-7。

表1-7　压敏电阻器的代换原则和注意事项

| 类型 | 压敏电阻器 |
|------|------------|
| 特点 | 对电压变化很敏感的非线性电阻器 |
| 适用电路 | 过电压保护电路 |
| 选用注意事项 | ● 标称电压（标称电压应准确，过高起不到电压保护作用，过低压敏电阻器容易误动作或被击穿）<br>● 选用时压敏电阻器的标称电压值一般是加在压敏电阻器两端电压的 2～2.5 倍。此外，还应注意最大连续工作电压、最大限制高压、通流容量、温度系数等均应符合要求 |

## 1.3.2　电阻器的代换

电阻器一般采用分立式或贴片式的安装方式，焊接在电路板上，因此在对其进行代换时，应根据其安装方式的不同，采用不同的拆卸和焊接方式。

 **1. 分立式电阻器的代换方法**

在对分立式电阻器进行代换时，应采用电烙铁、吸锡器或焊锡丝进行拆卸和安装。

首先对电烙铁通电，进行预热，待预热完毕后再配合吸锡器、焊锡丝等进行拆卸和焊接操作，如图 1-22 所示。

电烙铁

镊子

吸锡器

【1】用电烙铁加热电阻器引脚焊点并用吸锡器吸走多余焊锡

【2】待焊锡拆卸完毕后用镊子将电阻器取下

图 1-22　分立式电阻器的拆卸和安装方法

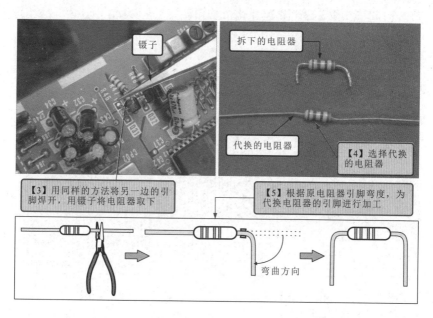

【3】用同样的方法将另一边的引脚焊开，用镊子将电阻器取下

【4】选择代换的电阻器

【5】根据原电阻器引脚弯度，为代换电阻器的引脚进行加工

【6】将电阻器的两个引脚插入电路板上原电阻器两个引脚插孔内

【7】使用电烙铁将焊锡丝熔化在电阻器两端的引脚上，待熔化后先抽离焊锡丝再抽离电烙铁

【8】引脚过长时，可将多余引脚剪断

图1-22　分立式电阻器的拆卸和安装方法（续）

 ## 2. 贴片式电阻器的代换方法

对于贴片式的电阻器，通常使用热风焊枪或镊子等进行拆卸和焊装。在拆卸和焊装贴片式电阻器时，一般应将热风焊枪的温度调

节旋钮调至 5 或 6 级，将风速调节旋钮调至 1 或 2 级，为热风焊枪通电，打开电源开关进行预热，然后再进行拆卸和焊装的操作，如图 1-23 所示。

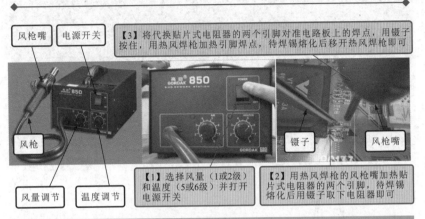

风枪嘴　电源开关

【3】将代换贴片式电阻器的两个引脚对准电路板上的焊点，用镊子按住，用热风焊枪加热引脚焊点，待焊锡熔化后移开热风焊枪即可

风枪

镊子　风枪嘴

风量调节　温度调节

【1】选择风量（1或2级）和温度（5或6级）并打开电源开关

【2】用热风焊枪的风枪嘴加热贴片式电阻器的两个引脚，待焊锡熔化后用镊子取下电阻器即可

图 1-23　贴片式电阻器的拆卸和安装方法

# 第 2 章
# 电容器的应用与检测

## 2.1　电容器的特点与功能应用

电容器简称为电容，它是一种可储存电能的元件（储存电荷），根据材质的不同，大体可分为无极性电容器、电解电容器和可变电容器三大类。

### 2.1.1　电容器的种类特点

 **1. 无极性电容器**

无极性电容器是指电容器的两引脚没有正负极性之分，使用时两引脚可以交换连接。大多数情况下，无极性电容器在生产时，由于材料和制作工艺特点，电容量已经固定，因此也称为固定电容器。

常见的无极性电容器主要有色环电容器、纸介电容器、瓷介电容器、云母电容器、涤纶电容器、玻璃釉电容器、聚苯乙烯电容器等。

（1）色环电容器

色环电容器是指在电容器的外壳上标识有多条不同颜色的色环，用以标识其电容量，与色环电阻器十分相似。图 2-1 所示为典型色环电容器的实物外形。

（2）纸介电容器

纸介电容器是以纸为介质的电容器。它是用两层带状的铝或锡箔中间垫上浸过石蜡的纸卷成筒状，再装入绝缘纸壳或陶瓷壳中，引出端用绝缘材料封装制成。图 2-2 所示为典型纸介电容器的实物外形。

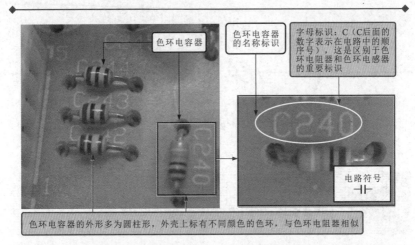

图2-1　典型色环电容器的实物外形

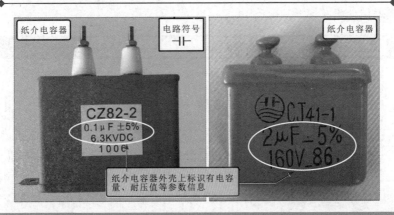

图2-2　典型纸介电容器的实物外形

　　纸介电容器的价格低、体积大、损耗大且稳定性较差。由于存在较大的固有电感，不宜在频率较高的电路中使用，常用在电动机起动电路中。

相关资料

　　在实际应用中，有一种金属化纸介电容器，该类电容器是在涂有醋酸纤维漆的电容器纸上再蒸发一层厚度为 0.1μm 的金属膜作为电极，然后用这种金属化的纸卷绕成芯子，端面喷金，装上引线并放入外壳内封装而成。图 2-3 所示为典型金属化纸介电容器实物外形。

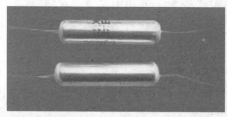

图 2-3　典型金属化纸介电容器实物外形

金属化纸介电容器比普通纸介电容器体积小，但其容量较大，且受高压击穿后具有自恢复能力，广泛应用于自动化仪表、自动控制装置及各种家用电器中，但不适于高频电路。

（3）瓷介电容器

瓷介电容器是以陶瓷材料作为介质，在其外层常涂以各种颜色的保护漆，并在陶瓷片上覆银制成电极。图 2-4 所示为典型瓷介电容器的实物外形。

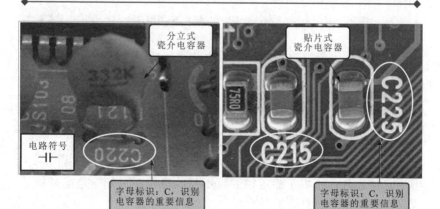

图 2-4　典型瓷介电容器的实物外形

瓷介电容器按制作材料不同分为Ⅰ类和Ⅱ类。Ⅰ类瓷介电容器高频性能好，广泛用于高频耦合、旁路、隔直流、振荡等电路中；Ⅱ类瓷介电容器性能较差、受温度的影响较大，一般适用于低压、直流和低频电路。

（4）云母电容器

云母电容器是以云母作为介质的电容器，通常以金属箔为电极，图2-5所示为典型云母电容器的实物外形。

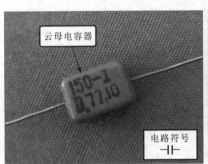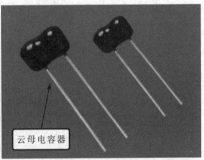

图2-5　云母电容器的实物外形

云母电容器的电容量较小，只有几皮法（pF）至几千皮法，具有可靠性高、频率特性好等特点，适用于高频电路。

（5）涤纶电容器

涤纶电容器是一种采用涤纶薄膜为介质的电容器，又可称为聚酯电容器。图2-6所示为典型涤纶电容器的实物外形。

涤纶电容器的成本较低，耐热、耐压和耐潮湿的性能都很好，但稳定性较差，适用于稳定性要求不高的电路中，如彩色电视机或收音机的耦合、隔直流等电路中。

（6）玻璃釉电容器

玻璃釉电容器使用的介质一般是玻璃釉粉压制的薄片，通过调整釉粉的比例，可以得到不同性能的玻璃釉电容器。图 2-7 所示为典型玻璃釉电容器的实物外形。

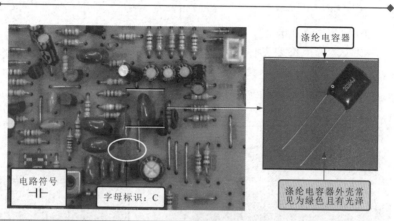

图 2-6　典型涤纶电容器的实物外形

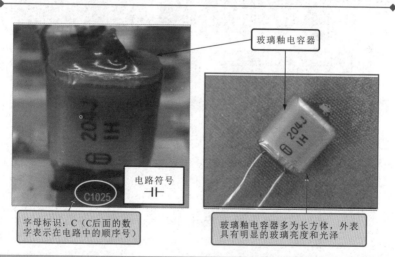

图 2-7　典型玻璃釉电容器的实物外形

玻璃釉电容器的电容量一般为 10 ~ 3300pF，耐压值有 40V 和

100V 两种，并具有介电系数大、耐高温、抗潮湿性强、损耗低等特点。

介电系数又称介质系数（常数），或称电容率，是表示绝缘能力的一个系数，以字母 $\varepsilon$ 表示，单位为"F/m"。

（7）聚苯乙烯电容器

聚苯乙烯电容器是以非极性的聚苯乙烯薄膜为介质制成的，其内部通常采用两层或三层薄膜与金属电极交叠绕制。图 2-8 所示为典型聚苯乙烯电容器的实物外形。

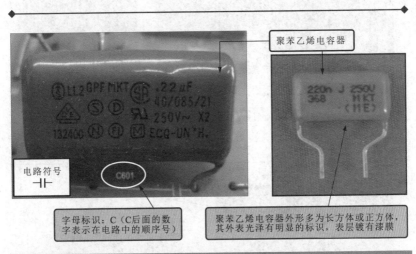

图2-8　典型聚苯乙烯电容器的实物外形

聚苯乙烯电容器的成本低、损耗小、绝缘电阻高、电容量稳定，多应用于对电容量要求精确的电路中。

 **2. 电解电容器**

目前，常见的电解电容器按材料不同，可分为铝电解电容器和钽电解电容器两种。

（1）铝电解电容器

铝电解电容器是一种以铝作为介电材料的有极性电容器，根据介电材料状态不同，分为普通铝电解电容器（液态铝质电解电容器）和固态铝电解电容器（简称固态电容器）两种，是目前电子电路中应用最广泛的电容器。图2-9所示为典型铝电解电容器的实物外形。

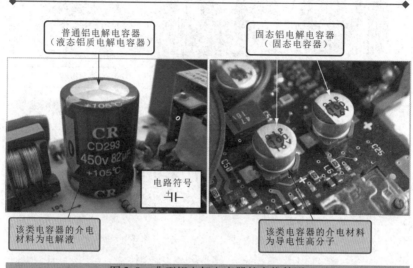

图 2-9　典型铝电解电容器的实物外形

铝电解电容器的电容量较大，与无极性电容器相比其绝缘电阻较低，漏电流大，频率特性差，容量和损耗会随周围环境和时间的变化而变化，特别是当温度过低或过高的情况下。另外其长时间不用还会失效。因此，铝电解电容器仅限于低频、低压电路。

另外，固态铝电解电容器采用有机半导体或导电性高分子电解质来取代传统的普通铝电解电容器中的电解液，并用环氧树脂或橡胶垫封口。因此，固态电容器的导电性比普通铝电解电容器要高，导电性受温度的影响小。

相关资料

铝电解电容器的规格多种多样，外形也根据制作工艺有所不同，图2-10所示为几种具有不同外形特点的铝电解电容器。

焊针形铝电解电容器　　螺栓形铝电解电容器　　轴向铝电解电容器

图 2-10　几种具有不同外形特点的铝电解电容器

### 要点说明

　　需要注意的是，并不是所有的铝电解电容器都是有极性的，还有一种很特殊的无极性电解电容器，这种电容器的材料、外形与普通铝电解电容器形似，只是其引脚不区分极性，如图 2-11 所示。这种电容器实际上就是将两个同样的电解电容器背靠背封装在一起。这种电容器损耗大、可靠性低、耐压低，只能用于少数要求不高的场合。

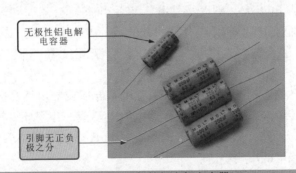

无极性铝电解
电容器

引脚无正负
极之分

图 2-11　无极性铝电解电容器

（2）钽电解电容器

　　钽电解电容器是采用金属钽作为正极材料制成的电容器，主要有固体钽电解电容器和液体钽电解电容器两种。其中，固体钽电解电容器根据安装形式不同，又分为分立式钽电解电容器和贴片式钽电解电容器。图 2-12 所示为典型钽电解电容器的实物外形。

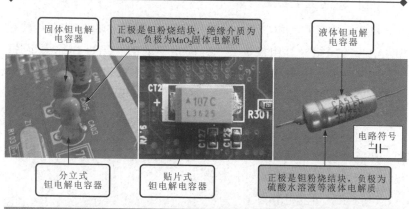

图 2-12　典型钽电解电容器的实物外形

钽电解电容器的温度特性、频率特性和可靠性都比铝电解电容器好，特别是它的漏电流极小、电荷储存能力好、寿命长、误差小，但价格较高，通常用于高精密的电子电路中。

**相关资料**

（1）关于电容器的漏电流

当电容器加上直流电压时，由于电容器介质不是完全的绝缘体，因此电容器就会有漏电流产生，若漏电流过大，电容器就会发热烧坏。通常，电解电容器的漏电流会比其他类型的电容器大，因此常用漏电流表示电解电容器的绝缘性能。

（2）关于电容器的漏电阻

由于电容器两极之间的介质不是绝对的绝缘体，它的电阻不是无限大，而是一个有限的数值，一般很精确（如 534kΩ，652kΩ），电容器两极之间的电阻叫作绝缘电阻，也叫作漏电阻，其大小是额定工作电压下的直流电压与通过电容器的漏电流的比值。漏电阻越小，漏电越严重。电容器漏电会引起能量损耗，这种损耗不仅会影响电容器的寿命，而且会影响电路的工作。因此，电容器的漏电阻越大越好。

### 3. 可变电容器

可变电容器是指电容量在一定范围内可调节的电容器。一般由相互绝缘的两组极片组成。其中，固定不动的一组极片称为定片，可动的一组极片称为动片，通过改变极片间相对的有效面积或片间距离，可使其电容量相应地变化。这种电容器主要用在无线电接收电路中选择信号（调谐）。

根据可变电容器按介质的不同可以分为空气介质和薄膜介质两种。按照结构的不同又可分为微调可变电容器、单联可变电容器、双联可变电容器和多联可变电容器。

（1）空气可变电容器

空气可变电容器的电极由两组金属片组成，其中固定不变的一组为定片，能转动的一组为动片，动片与定片之间以空气作为介质。多应用于收音机、电子仪器、高频信号发生器、通信设备及有关电子设备中。

常见的空气可变电容器主要有空气单联可变电容器（空气单联）和空气双联可变电容器（空气双联）两种，如图 2-13 所示。

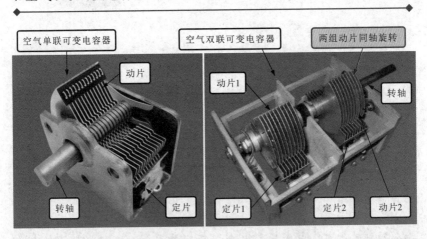

图 2-13    典型空气可变电容器的实物外形

空气单联可变电容器由一组动片、定片组成，动片与定片之间以空气为介质；空气双联可变电容器由两组动片、定片组成，两组动片合装在同一转轴上，可以同轴同步旋转。

**要点说明**

当转动空气可变电容器的动片使之全部旋进定片间时，其电容量为最大；反之，将动片全部旋出定片间时，电容量最小。

（2）薄膜可变电容器

薄膜可变电容器是指一种将动片与定片（动、定片均为不规则的半圆形金属片）之间加上云母片或塑料（聚苯乙烯等材料）薄膜作为介质的可变电容器，外壳为透明塑料，具有体积小、重量轻、电容量较小、易磨损的特点。

常见的薄膜可变电容器主要有薄膜单联可变电容器、薄膜双联可变电容器和薄膜四联可变电容器几种，如图 2-14 所示。

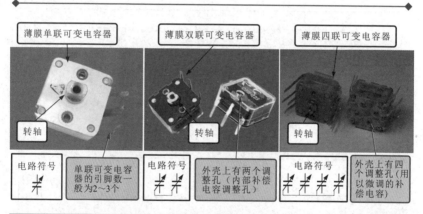

图 2-14　几种典型的薄膜可变电容器

薄膜单联可变电容器是指仅具有一组动片、定片及介质的薄膜可变电容器，即内部只有一个可调电容器，多用于简易收音机或电子仪器中。

薄膜双联可变电容器可以简单理解为由两个单联可变电容器组合而成，两个可变电容器都各自附带有一个用以微调的补偿电容器。

一般从可变电容器的背部看到。薄膜双联可变电容器是具有两组动片、定片及介质，且两组动片可同轴同步旋转来改变电容量的一类薄膜可变电容器，多用于晶体管收音机和有关电子仪器、电子设备中。

薄膜四联可变电容器是指具有四组动片、定片及介质，且四组动片可同轴同步旋转来改变电容量的一类薄膜可变电容器。内部有四个可变电容器，都各自附带有一个用以微调的补偿电容器。一般从可变电容器的背部看到，多用于 AM/FM 多波段收音机中。

**相关资料**

通常，对于薄膜单联可变电容器、薄膜双联可变电容器和薄膜四联可变电容器的识别可以通过引脚和背部补偿电容器的数量来判别。以薄膜双联电容器为例，图 2-15 所示为薄膜双联可变电容器的内部电路结构示意图。

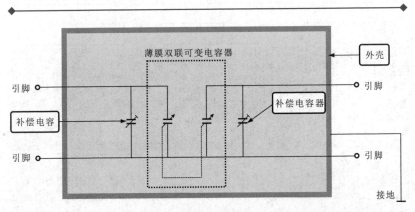

图 2-15　薄膜双联可变电容器的内部电路结构示意图

从图中可以看出，薄膜双联可变电容器中的两个可变电容器都各自附带有一个补偿电容器，该补偿电容器可以单独微调。一般从可变电容器的背部都可以看到补偿电容器。因此，如果是薄膜双联可变电容器则可以看到两个补偿电容，如果是薄膜四联可变电容器则可以看到四个补偿电容器，而薄膜单联可变电容器则只有一个补偿电容。另外，值得注意的是，由于生产工艺的不同，可变电容器的引脚数也并不完全统一。通常，薄膜单联可变电容器的引脚数一般为2~3个（两个引脚加一个接地端），薄膜双联可变电容器的引脚数不超过7个，薄膜四联可变电容器的引脚数为7~9个。这些引脚除了可变电容器的引脚外，其余的引脚都为接地引脚以方便与电路进行连接。

## 2.1.2　电容器的功能应用

电容器的结构非常简单，是由两个互相靠近的导体，中间夹一层不导电的绝缘介质构成的。在现实中，将两块金属板相对平行地放置，而不相接触即可构成一个最简单的电容器。如果把金属板的两端分别与电源的正、负极相连，那么接正极的金属板上的电子就会被电源的正极吸引过去；而接负极的金属板，就会从电源负极得到电子。这种现象就叫作电容器的"充电"，如图2-16所示。充电时，电路中有电流流动，电容器有电荷后就产生电压，当电容器所充的电压与电源的电压相等时，充电就停止。电路中就不再有电流流动，相当于开路。

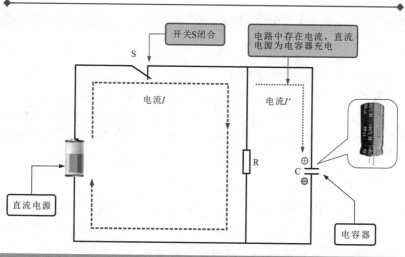

图2-16　电容器的充电过程

　　如果将电路中的电源断开（开关 S 断开），则在电源断开的一瞬间，电容器会通过电阻器 R 放电，电路中有电流产生，电流的方向与原充电时的电流方向相反。随着电流的流动，两极之间的电压也逐渐降低，直到两极上的正、负电荷完全消失，如图 2-17 所示。

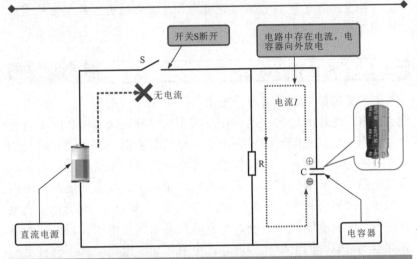

图 2-17　电容器的放电过程

**要点说明**

　　如果电容器的两块金属板接上交流电，因为交流电的大小和方向在不断地变化着，电容器两端也必然交替地进行充电和放电，因此电路中就不停地有电流流动。交流电可以通过电容器，但由于构成电容器的两块不相接触的平行金属板之间的介质是绝缘的，直流电流不能通过电容器。

　　图 2-18 所示为电容器的阻抗随信号频率变化的基本工作特性示意图。从图中可知电容器的基本特性：

　　电容器对信号的阻碍作用被称为容抗，电容器的容抗与所通过的信号频率有关，信号频率越高，容抗越小，因此高频信号易于通过电容器，信号频率越低，电容器的容抗越高，对于直流信号，电容器的容抗为无穷大，直流不能通过电容器。

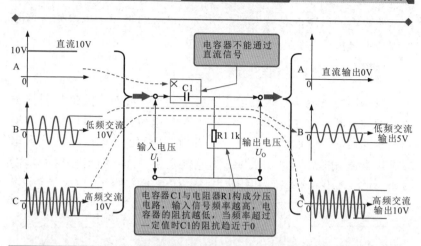

图2-18　电容器的基本工作特性示意图

 **1. 电容器的平滑滤波功能**

电容器的平滑滤波功能主要表现在电容器的充放电过程中，使电流波动变缓，这是电容器最基本、最突出的功能。图2-19所示为电容器的滤波功能示意图。

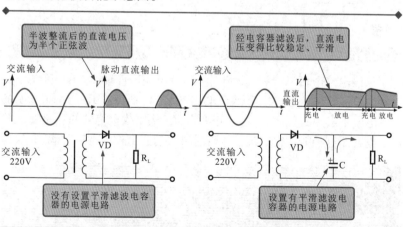

图2-19　电容器的滤波功能示意图

从图中可以发现，交流电压经二极管整流后变成的直流电压为半个正弦波，波动很大。而在输出电路中加入电容器后，电压高时电容器充电，电压低时电容器放电，于是电路中原本不稳定、波动比较大的直流电压变得比较稳定、平滑。

 **2. 电容器的耦合功能**

电容器对交流信号阻抗较小，易于通过，而对直流信号阻抗很大，可视为断路。在放大器中，电容器常作为交流信号的输入和输出耦合元件使用，如图2-20所示。该电路中的电源电压经$R_C$为集电极提供直流偏压，再经R1、R2为基极提供偏压。直流偏压的功能是给晶体管提供工作条件和能量，使晶体管工作在线性放大状态。

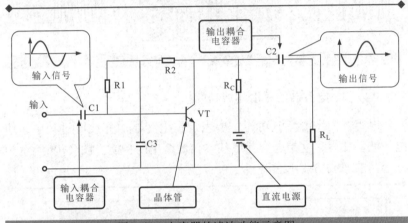

图2-20　电容器的滤波功能示意图

从该电路中可以看到，由于电容器具有隔直流的作用，因此，放大器的交流输出信号可以经耦合电容器C2送到负载$R_L$上，而电源的直流电压不会加到负载$R_L$上，也就是说，从负载上得到的只是交流信号。电容器这种能够将交流信号传递过去的能力称为耦合功能。

## 2.2　电容器的检测

### 2.2.1　无极性电容器的检测

检测无极性电容器的性能，通常可以使用数字万用表对无极性电容器的电容量进行测量，然后将实测结果与无极性电容器的标称电容量相比较，即可判断待测无极性电容器的性能优劣。

如图 2-21 所示，以聚苯乙烯电容器为例进行检测。首先对待测聚苯乙烯电容器的标称电容量进行识读，并根据识读数值设定数字万用表的测量档位。

扫一扫看视频

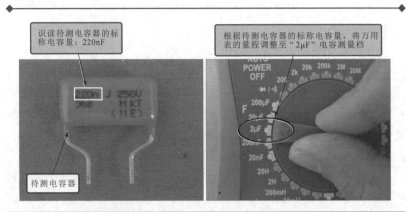

识读待测电容器的标称电容量：220nF

根据待测电容器的标称电容量，将万用表的量程调整至"2μF"电容测量档

待测电容器

图 2-21　聚苯乙烯电容器电容量测量前的准备

然后，连接数字万用表的附加测试器，并将待测电容器插入到附加测试器中的电容测量插孔中进行检测，如图 2-22 所示。

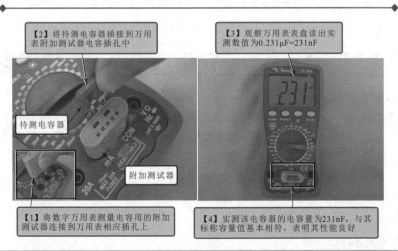

【2】将待测电容器插接到万用表附加测试器电容插孔中

【3】观察万用表表盘读出实测数值为0.231μF=231nF

待测电容器

附加测试器

【1】将数字万用表测量电容用的附加测试器连接到万用表相应插孔上

【4】实测该电容器的电容量为231nF，与其标称容量值基本相符，表明其性能良好

图 2-22　聚苯乙烯电容器电容量粗略测量方法

正常情况下，聚苯乙烯电容器的实测电容量应与标称电容量接近；若偏差较大，则说明所测电容器性能失常。

相关资料

在对无极性电容器进行检测时，根据电容器不同的电容量范围，可采取不同的检测方式。

（1）电容量小于10pF电容器的检测

由于这类电容器电容量太小，使万用表进行检测时，只能大致检测其是否存在漏电、内部短路或击穿现象。检测时，可用万用表的"×10k"欧姆档，检测其阻值，正常情况下应为无穷大。若检测阻值为零，则说明所测电容器漏电损坏或内部击穿。

（2）电容量为10pF～0.01μF电容器的检测

这类电容器可在连接晶体管放大元件的基础上，检测其充放电现象，即将电容器的充放电过程予以放大，然后再用万用表的"×1k"欧姆档检测。正常情况下，万用表指针应有明显摆动，说明其充放电性能正常。

（3）电容量0.01μF以上电容器的检测

检测该类电容器，可直接用万用表的"×10k"欧姆档检测电容器有无充放电过程，以及内部有无短路或漏电现象。

## 2.2.2　电解电容器的检测

对于电解电容器的检测，除可以使用数字万用表的电容量测量功能检测外，还可使用指针万用表的欧姆档（电阻档）检测电容器的阻值（漏电阻），根据测量过程中指针的摆动状态大致判断待测有极性电容器的性能状态。

下面以铝电解电容器为例进行介绍，如图2-23所示。首先确定待测铝电解电容器的引脚极性，并根据电容量、耐压值等标识信息判断该电容器是否为大容量电容器，若属于大容量电容器，需要进行放电操作。

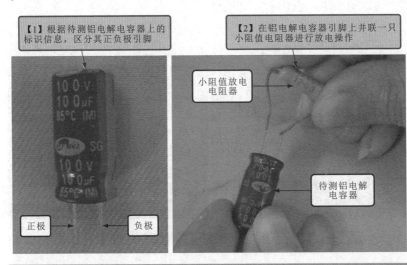

【1】根据待测铝电解电容器上的标识信息，区分其正负极引脚

【2】在铝电解电容器引脚上并联一只小阻值电阻器进行放电操作

小阻值放电电阻器

待测铝电解电容器

正极　　负极

图2-23　铝电解电容器漏电阻检测前的准备

　　接着，将万用表调至"×10k"欧姆档，将万用表的两只表笔分别搭在电容器的正负极上，分别检测其正反向漏电阻，如图2-24所示。

扫一扫看视频

【2】将万用表的黑表笔搭在待测铝电解电容器的正极引脚上，红表笔搭在负极引脚上，检测器正向漏电阻

【1】检测时，万用表档位旋钮设置在"×10k"欧姆档

【3】正向时，万用表指针应有明显的摆动情况，最后停止在某一个固定值上

待测铝电解电容器

MODEL MF47-8
www.chinadse.org
全保护·遥控器检测

图2-24　铝电解电容器漏电阻的检测方法

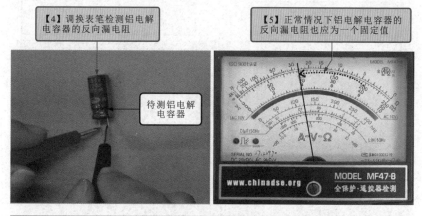

图 2-24　铝电解电容器漏电阻的检测方法（续）

　　正常情况下，在刚接通的瞬间，万用表的指针会向右（电阻小的方向）摆动一个较大的角度。当指针摆动到最大角度后，又会逐渐向左摆回，直至停止在一个固定位置（一般为几百千欧），这说明该电解电容器有明显的充放电过程，所测得的阻值即为该电解电容器的正向漏电阻值，正向漏电阻越大，说明电容器的性能越好，漏电流也越小。

　　反向漏电阻一般小于正向漏电阻。若测得的电解电容器正反向漏电阻值很小（几百千欧以下），则表明电解电容器的性能不良，不能使用。

　　若指针不摆动或摆动到电阻为零的位置后不返回，以及刚开始摆动时摆动到一定的位置后不返回，均表示该电解电容器性能不良。

相关资料

　　通常，对有极性电容器漏电阻进行检测时，会遇各种情况，通过对不同的检测结果的分析可以大致判断有极性电容器的损坏原因，如图 2-25 所示。

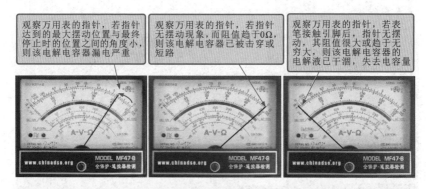

观察万用表的指针，若指针达到的最大摆动位置与最终停止时的位置之间的角度小，则该电解电容器漏电严重

观察万用表的指针，若指针无摆动现象，而阻值趋于0Ω，则该电解电容器已被击穿或短路

观察万用表的指针，若表笔接触引脚后，指针无摆动，其阻值很大或趋于无穷大，则该电解电容器的电解液已干涸，失去电容量

图2-25　有极性电容器性能异常情况判断

**要点说明**

　　通常情况下，电解电容器工作电压在200V以上，即使电容量比较小也需要进行放电，例如60μF/200V的电容器；若工作电压较低，但其电容量高于300μF的电容器也属于大容量电容器，例如300μF/50V的电容器。实际应用中常见的有1000μF/50V、60μF/400V、300F/50V、60μF/200V等均为大容量电解电容器。

## 2.2.3　可变电容器的检测

　　对可变电容器进行检测，一般采用万用表检测其动片与定片之间阻值的方法判断性能状态。不同类型可变电容器的检测方法基本相同，下面以薄膜单联可变电容器为例进行检测训练。

　　检测前，首先明确薄膜单联可变电容器的定片与动片引脚，将万用表置于"×10k"欧姆档，为检测操作做好准备，如图2-26所示。

　　接着，将万用表的红、黑表笔分别搭在薄膜单联可变电容器的动片和定片引脚上，此时旋动薄膜单联可变电容器的转轴，通过万用表指示状态即可判断该电容器的性能，如图2-27所示。

【1】明确待测薄膜单联可变电容器的定片与动片引脚

【2】调整万用表档位旋钮为"×10k"欧姆档，并进行欧姆调零操作

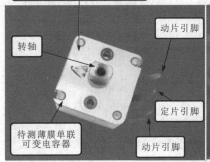 

转轴

动片引脚

待测薄膜单联可变电容器

定片引脚

动片引脚

图 2-26　薄膜单联可变电容器检测前的准备工作

【2】旋动薄膜单联可变电容器的转轴，可来回旋转几个周期

【3】正常情况下，薄膜单联可变电容器定片与动片之间的阻值应一直处于无穷大状态

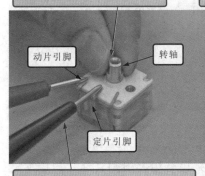 

动片引脚　　转轴

定片引脚

【1】万用表的红黑表笔分别搭在薄膜单联可变电容器的动片和定片引脚上

若薄膜单联可变电容器检测结果符合无穷大条件，则说明其性能良好

图 2-27　薄膜单联可变电容器的检测方法

**要点说明**

　　在检测薄膜单联可变电容器的过程中，万用表指针应在无穷大位置不动。在旋动转轴的过程中，如果有指针有时指向零的情

况，则说明动片和定片之间存在短路点；如果碰到某一角度，万用表读数不为无穷大而是出现一定阻值，说明薄膜单联可变电容器动片与定片之间存在漏电现象。

# 2.3　电容器的选用代换

## 2.3.1　电容器的选用

 **1. 电容器选用代换原则**

电容器的代换原则就是指在代换之前，要保证代换电容器规格符合要求，在代换过程中，应注意安全可靠，防止二次故障，力求代换后的电容器能够良好、长久、稳定的工作。具体的原则如下：

1）用两个电容器并联、串联可以取代一个电容器。如用两个100μF/50V的电容并联可以取代一个200μF/50V的电容器；如用两个100μF/50V的电容器串联可以取代一个50μF/100V的电容器。

2）交流信号耦合电容器、去耦电容器、旁路电容器、滤波电容器，其电容值要求不严格，允许10%～20%的变化，如47μF/15V的电容器可用50μF/15V的取代。

3）时间常数电路、谐振电路中的电容要求比较严格，如振荡电路或中频谐振电路中的200pF电容器，必须用200pF电容器取代，误差越小越好。

4）代用电容器的额定电压必须大于或等于原电容器的额定电压。

5）代用电容器的频率特性必须满足实际电路的频率要求。

 **2. 电容器选用代换注意事项**

电容器的种类和型号较多，不同种类的电容器的参数也不一样，因此电路中的电容器损坏时，最好选用同型号的电容器进行代换，此外还需了解不同种类电容器的适用电路和选用注意事项，见表2-1。

## 表 2-1　电容器适用电路和选用注意事项

| 类型 | 特点 | 适用电路 | 选用注意事项 |
|------|------|----------|--------------|
| 涤纶（聚酯）电容器 | 小体积，大容量，耐热耐湿，稳定性差 | 对稳定性和损耗要求不高的低频电路、隔直流、旁路等 | • 电容器在电路中实际要承受的电压不能超过它的耐压值<br>• 应根据电路要求选用电容器的合适类型<br>• 合理确定电容器的电容量及允许偏差<br>• 优先选用绝缘电阻大、介质损耗小、漏电流小的电容器<br>• 在低频的耦合及去耦合电路中，按计算值选用稍大一些容量的电容器<br>• 所选用电容器的额定电压应是实际工作电压的1.2～1.3倍<br>• 应根据不同的工作环境进行选用，如高温环境下工作的电容器应选用具有耐高温特性的电容器；潮湿环境中的电容器应选用抗湿性能好的密封电容器；低温条件下，应选用耐寒的电容器<br>• 选用电容器的体积、形状及引脚尺寸应符合电路设计要求 |
| 聚苯乙烯电容器 | 稳定，低损耗，体积较大 | 对稳定性和损耗要求较高的电路 | |
| 云母电容器 | 高稳定性，高可靠性，温度系数小 | 高频振荡，脉冲等要求较高的电路，隔直流等 | |
| 高频瓷介电容器 | 高频损耗小，稳定性好 | 高频电路 | |
| 低频瓷介电容器 | 体积小，价廉，损耗大，稳定性差 | 要求不高的低频电路 | |
| 玻璃釉电容器 | 稳定性较好，损耗小，耐高温（200℃） | 脉冲、耦合、旁路等电路 | |
| 陶瓷电容器 | 高介电率陶瓷电容器容量误差可能较大、高频特性好 | 通常使用于高频旁路电路中 | • 100～680pF范围的两种陶瓷电容器的 $Q$ 值相差较大，电路中不可误用<br>• RC谐振电路不需要补偿温度系数，可选用CH零温度补偿性陶瓷电容器<br>• LC谐振电路需要补偿正温度系数，可选用UJ负温度补偿性陶瓷电容器<br>• 高频补偿电路、非谐振电路不需考虑温度影响，因此可选用SL无控制温度补偿性陶瓷电容器 |
| | 温度补偿用陶瓷电容容量较小，在顶端涂有红黑黄等颜色，以鉴别其温度补偿特性 | 通常用于极高频电路的谐振或旁路 | |
| 纸介电容器 | 电容量在几百皮法到几十微法。其缺点是损耗大，稳定性差 | 一般在电路中用于低频耦合、旁路去耦等，电气性能要求不严格时 | |

（续）

| 类型 | 特点 | 适用电路 | 选用注意事项 |
|---|---|---|---|
| 铝电解电容器 | 体积小，容量大，损耗大，漏电大 | 电源滤波，低频耦合，去耦，旁路等，电源电路中应用最为广泛 | • 电容的耐压值不要小于交流有效值的 1.42 倍<br>• 在一些滤波网络中，电解电容器的容量也要求非常准确，其偏差应小于 ±0.3% ~ ±0.5% |
| 钽电解电容器 | 损耗、漏电小于铝电解电容器 | 在要求高的电路中代替铝电解电容器 | • 分频电路、S 校正电路、振荡回路及延时回路中电容量应和计算要求的尽量一致<br>• 尽量选用耐高温电解电容器 |

## 2.3.2　电容器的代换

电容器一般采用插接焊装和表面贴装两种方式焊接在电路板上，因此在对其进行代换时，应根据其安装方式的不同，采用不同的拆焊和焊接方法。

### 1. 插接焊装的电容器代换方法

对插接焊装的电容器进行代换时，应采用电烙铁、吸锡器和焊锡丝进行拆焊和安装操作。对电烙铁通电预热后，再配合吸锡器、焊锡丝等进行拆焊和焊接操作，如图 2-28 所示。

【1】用电烙铁加热电容器引脚焊点并用吸锡器吸走多余焊锡

【2】待焊锡清除完毕后用镊子将电容器取下

图 2-28　插接焊装的电容器代换方法

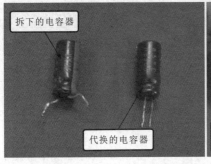

拆下的电容器

代换的电容器

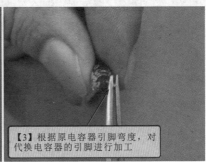

【3】根据原电容器引脚弯度，对代换电容器的引脚进行加工

【5】使用电烙铁将焊锡丝熔化在电容器两端的引脚上，待熔化后先抽离焊锡丝再抽离电烙铁

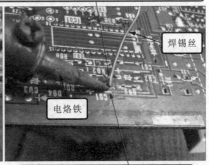

焊锡丝

电烙铁

【4】将电容器的两个引脚插入电路板上的两个引脚插孔内

【6】若引脚过长，待焊锡凝固后，使用尖嘴钳将电容器的引脚剪断

图2-28　插接焊装的电容器代换方法（续）

 **2. 表面贴装的电容器代换方法**

　　对于表面贴装的电容器，则需使用热风焊枪、镊子等进行拆焊和焊装。将热风焊枪的温度调节旋钮调至4或5档，将风速调节旋钮调至1或2档，打开电源开关进行预热，然后再进行拆焊和焊装的操作，如图2-29所示。

【1】用热风焊枪加热贴片电容器的引脚，待焊锡熔化后用镊子取下电容器

【2】用镊子取下焊下的贴片电容器

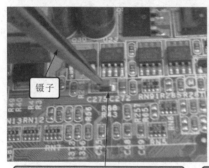

【3】将代换电容器对准电路板上的焊点，并用镊子按压在电路板上

【4】用热风焊枪加热电容器引脚焊点，并用镊子按住，待焊锡熔化后移开热风焊枪即可

图2-29　表面贴装电容器的拆焊和焊装方法

### 要点说明

　　在进行拆卸之前，应首先对操作环境进行检查，确保操作环境干燥、整洁，确保操作平台稳固、平整，确保待检修电路板（或设备）处于断电、冷却状态。

　　在进行操作前，操作者应对自身进行放电，以免静电击穿电路板上的元器件，放电后才可使用拆焊工具对电路板上的电容器进行拆焊操作。

　　拆卸时，应确认电容器引脚处的焊锡彻底清除，之后才能小心地将电容器从电路板中取下。取下时，一定要谨慎，若在引脚焊点处还有焊锡粘连的现象，应再用电烙铁及时进行清除，直至待更换电容器稳妥取下，切不可硬拔。

　　拆下后，用酒精对焊孔或焊点进行清洁，若电路板上存在未去除的焊锡，可用平头电烙铁剔除，并用酒精或砂纸去除氧化层，为更换安装新的电容器做好准备。

　　在对电容器进行焊装时，要保证焊点整齐、漂亮，不能有连焊、虚焊等现象，以免造成电路功能失常。在电烙铁加热后，可以在电烙铁上沾一些松香，再进行焊接，使焊点不容易氧化。

# 第3章

# 电感器的应用与检测

## 3.1　电感器的特点与功能应用

电感器也称电感元件，它的种类较多，根据功能和应用领域的不同，大体可分为电感线圈、色环电感器、色码电感器和微调电感器四大类。

### 3.1.1　电感器的种类特点

 **1. 电感线圈**

电感线圈是一种常见的电感器，因其能够直接看到线圈的数量和紧密程度而得名。目前，常见的电感线圈主要有空心电感线圈、磁棒电感线圈和磁环电感线圈等。

（1）空心电感线圈

空心电感线圈是由线圈绕制而成，通常线圈绕制的匝数较少，电感量小，常用在高频电路中，如电视机的高频调谐器，如图 3-1 所示。

> **要点说明**
>
> 空心电感线圈的电感量会随着线圈之间的间隙大小而发生变化，为了防止空心线圈之间的间隙变化，调整完毕后通常用石蜡加以密封固定，这样不仅可以防止线圈的形变，同时可以有效地防止线圈因振动而变形。

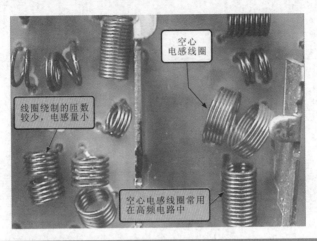

图 3-1　空心电感线圈的实物外形

（2）磁棒电感线圈

磁棒电感线圈是一种在磁棒上绕制了线圈的电感元件。这使得线圈的电感量大大增加，如图 3-2 所示。

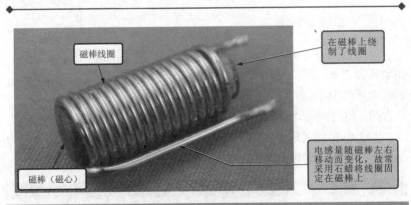

图 3-2　磁棒电感线圈

（3）磁环电感线圈

磁环线圈的基本结构是在铁氧体磁环上绕制线圈，如图 3-3 所示。

磁环线圈

磁环线圈的电感量与线圈的匝数有关

铁氧体磁环

在铁氧体磁环上绕制线圈，可增加电感量

图 3-3　磁环线圈的实物外形

相关资料

　　磁环的大小、形状、铜线的绕制方法都对线圈的电感量有决定性影响。改变线圈的形状和相对位置也可以微调电感量。

 **2. 色环电感器**

　　色环电感器的电感量固定，是一种具有磁心的线圈，将线圈绕制在软磁性铁氧体的基体上，再用环氧树脂或塑料封装，并在其外壳上以色环标注电感量的数值。图 3-4 所示为典型固定色环电感器的实物外形。

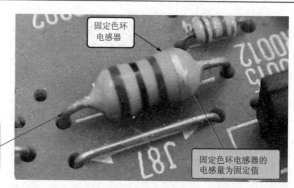

固定色环电感器

固定色环电感器采用色环法在表面标注出了电感器的电感量

固定色环电感器的电感量为固定值

图 3-4　固定色环电感器的实物外形

### 3. 色码电感器

色码电感器与固定色环电感器都属于小型的固定电感器，它是用色点标注电感量的数值。图3-5所示为典型色码电感器的实物外形。

固定色码电感器

固定色码电感器采用码（点）标注法在电感器表面标注出了电感器的电感量

图3-5　色码电感器的实物外形

这种电感器体积小巧，性能比较稳定，广泛应用于电视机、收录机等电子设备的滤波、陷波、扼流及延迟线等电路中。

### 4. 微调电感器

微调电感器是指可以调整电感量的电感器，其电路符号为"～⌒⌒～"。微调电感器一般设有屏蔽外壳，磁心上设有条形槽以便调整。图3-6所示为微调电感器的实物外形。

微调电感器

磁心上设有条形槽以便微调电感量

屏蔽外壳将微调电感器进行封装

屏蔽外壳

图3-6　微调电感器的实物外形

相关资料

　　微调电感器都有一个可插入的磁心，通过工具调节即可改变磁心在线圈中的位置，从而实现调整电感量的大小，如图3-7所示。值得注意的是，在调整电感器的磁心时要使用无感螺钉旋具，即非铁磁性金属材料制成的螺钉旋具，如塑料或竹片等材料制成的螺钉旋具，有些情况可使用铜质螺钉旋具。

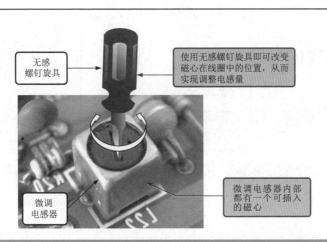

无感
螺钉旋具

使用无感螺钉旋具即可改变磁心在线圈中的位置，从而实现调整电感量

微调
电感器

微调电感器内部都有一个可插入的磁心

图3-7　使用无感螺钉旋具调整微调电感器

## 3.1.2　电感器的功能应用

　　电感器就是将导线绕制成线圈状制成的，当电流流过时，在线圈（电感器）的两端就会形成较强的磁场。由于电磁感应的作用，它会对电流的变化起阻碍作用。因此，电感器对直流呈现很小的电阻（近似于短路），而对交流呈现阻抗较高，其阻抗的大小与所通过的交流信号的频率有关。同一电感元件，通过的交流电流的频率越高，则呈现的阻抗越大。

　　图3-8所示为电感器的基本工作特性示意图。

　　电感器的两个重要特性：

　　1）电感器对直流呈现很小的电阻（近似于短路），对交流呈现的阻抗与信号频率成正比，交流信号频率越高，电感器呈现的阻抗越大；电感器的电感量越大，对交流信号的阻抗越大。

2）电感器具有阻止其中电流变化的特性，所以流过电感器的电流不会发生突变。

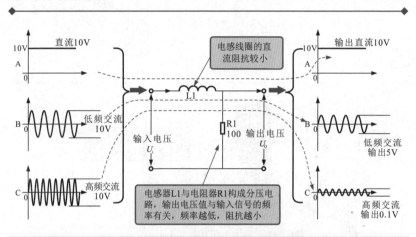

图3-8　电感器的基本工作特性示意图

根据电感器的特性，在电子产品中常被作为滤波线圈、谐振线圈等。

 **1. 电感器的滤波功能**

由于电感器会对脉动电流产生反电动势，阻碍电流的变化，有稳定电流的作用，对交流电流其阻抗很大，但对直流阻抗很小，如果将较大的电感器串接在直流电路中，就可以使电路中的交流成分阻隔在电感器上，起到滤除交流成份的作用，如图3-9所示。

从图中可以看到，交流220V输入，经变压和整流后输出脉动直流电压，然后经电感器（扼流圈）及平滑电容器为负载供电。电路中的扼流圈实际上就是一个电感元件，它的主要作用是阻止直流电压中的交流分量。

 **2. 电感器的谐振功能**

电感器通常可与电容器并联构成 LC 谐振电路，其主要作用是用来选择一定频率的信号。图 3-10 所示为电感器谐振功能的应用。

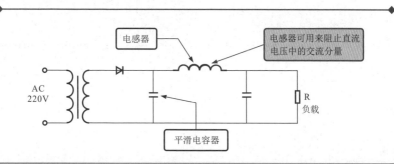

图 3-9　电感器滤波功能的应用

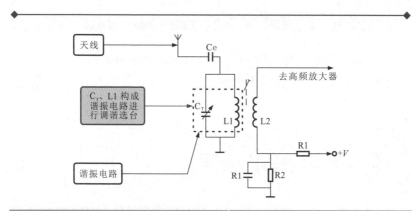

图 3-10　电感器谐振功能的应用

由图 3-10 可知，天线接收空中各种频率的电磁波信号，信号经电容器 Ce 耦合到由调谐线圈 L1 和可变电容器 $C_T$ 组成的谐振电路，经 L1 和 $C_T$ 谐振电路的选频作用，被选的电台信号在 LC 电路中形成谐振，有增强该信号电流的作用，把需要的广播节目载波信号选出并通过 L2 耦合传送到高放电路。

图 3-11 所示为由电阻器和 LC 并联电路构成的分压电路。

当低频信号加到输入端时，信号经过分压电路输出，由于电感器 L 对低频信号的阻抗很小，因而衰减很大，输出幅度很小。

当高频信号加到输入端时，信号经过分压电路输出，由于电容器 C 对高频信号的阻抗很小，因而衰减很大，输出信号幅度很小。

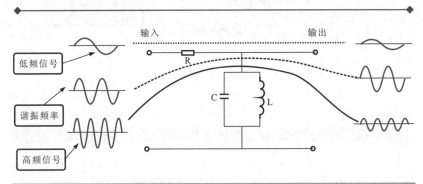

图 3-11　由电阻器和 LC 并联电路构成的分压电路

当与 LC 谐振频率相同的信号通过分压电路输出时，由于 LC 并联电路对该信号的阻抗呈无穷大，因而对输入信号几乎无衰减，输出端可得到最大幅度的信号。

## 3.2　电感器的检测

### 3.2.1　电感线圈的检测

由于电感线圈电感量的可调性，在一些电路设计、调整或测试环节，通常需要了解其当前精确的电感量和其在电路中的特性参数，因此，需借助专用的电感电容测量仪或频率特性测试仪对其进行检测。

精确测量电感器的电感量一般使用专用的电感电容测量仪。具体检测方法如图 3-12 所示。

电感量（L）= LC 读数 + LC 微调读数 = 0.01mH + 0.0005mH = 0.0105mH = 10.5μH。

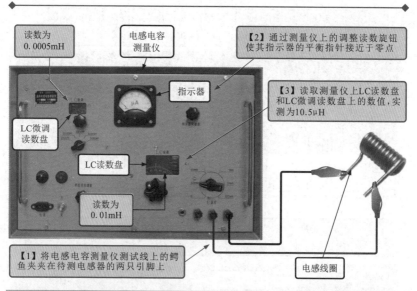

读数为 0.0005mH

电感电容测量仪

【2】通过测量仪上的调整读数旋钮使其指示器的平衡指针接近于零点

指示器

【3】读取测量仪上LC读数盘和LC微调读数盘上的数值,实测为10.5μH

LC微调读数盘

LC读数盘

读数为 0.01mH

【1】将电感电容测量仪测试线上的鳄鱼夹夹在待测电感器的两只引脚上

电感线圈

图3-12　使用专用的电感电容测量仪精确检测电感器电感量的具体方法

## 3.2.2　色环电感器的检测

　　检测色环电感器的性能,还可以使用具有电感量测量功能的数字万用表大致测量其电感量,并将实测结果与标称值相比对,从而判断电感器的基本性能。

　　使用数字万用表检测色环电感器电感量的基本方法如图 3-13 所示。

## 3.2.3　色码电感器的检测

　　色码电感器的检测方法与色环电感器相同,借助万用表对其直流电阻和电感量等参数进行粗略测量即可判断性能状态。由于直流电阻的检测操作十分简单,这里不再重复叙述。

　　下面以典型电子产品中色码电感器为例,介绍其电感量的检测方法。如图 3-14 所示,首先对当前待测色码电感器的标称电感量进行识读。

【1】根据色环电感器的标识规则，识读待测色环电感器的标称电感量：100μH±10%

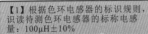

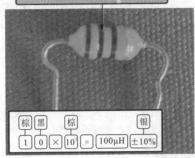

棕　黑　棕　　　　　银
1　0　×10³　=　100μH　±10%

【2】根据待测电感器的电感量将万用表的量程调整至"2mH"电感测量档

【3】连接万用表的附加测试器，并将待测电感器的引脚插入附加测试器的"Lx"电感测量插孔中

色环电感器

附加测试器

【4】观察万用表显示屏读出实测数值为0.114mH=114μH，与标称值接近，色环电感器性能良好

TAOTAO　　ET-988

.114

mH

www.chinadse.org

POWER　PK HOLD　　　DC/AC

图 3-13　色环电感器电感量的检测方法

扫一扫看视频

扫一扫看视频

　　接下来，使用数字万用表（Minipa ET-988 型）对色码电感器的电感量进行检测。检测前，根据识读待测色码电感器的标称电感量，设置数字万用表测量档位，即将量程旋钮调整至"2mH"档，安装附加测试器后进行检测即可，如图 3-15 所示。

　　正常情况下，检测色码电感器的电感量为"0.658mH"，根据单位换算公式 $0.658\text{mH} \times 10^3 = 658\mu\text{H}$，与该色码电感器的标称值基本相近或相符，表明该色码电感器正常。若测得的电感量与标称值相差过大，则表明该电感器性能不良。

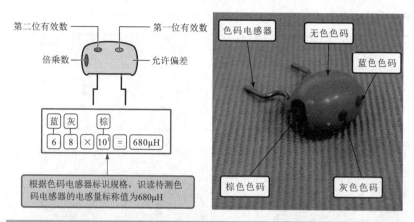

图 3-14　识读当前待测色码电感器的电感量

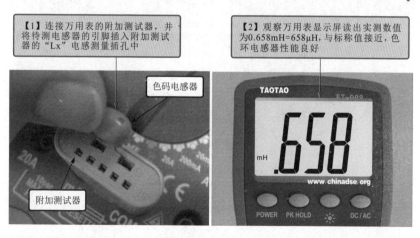

图 3-15　色码电感器的电感量的粗略检测方法

## 3.2.4　微调电感器的检测

微调电感器一般采用万用表检测内部电感线圈直流电阻值的方法来判断性能状态，即使用万用表的欧姆档检测其内部电感线圈的阻值，正常情况下，其内部电感线圈的阻值较小，接近于0。

微调电感器的检测方法如图 3-16 所示。

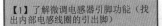

【1】了解微调电感器引脚功能（找出内部电感线圈的引出脚）

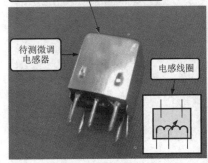

待测微调
电感器

电感线圈

【2】将万用表档位旋钮调至"×1"欧姆档，并进行欧姆调零操作

【3】将万用表的红、黑表笔分别搭在待测微调电感器内部电感线圈的两只引脚上

【4】正常情况下，微调电感器内电感线圈的阻值较小，实测数值约为0.5Ω

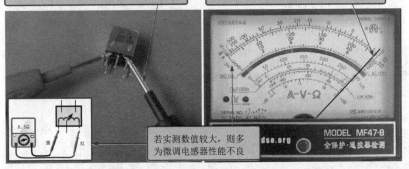

若实测数值较大，则多为微调电感器性能不良

图 3-16　微调电感器的检测方法

## 3.3　电感器的选用代换

### 3.3.1　电感器的选用

电感器的代换原则就是指在代换之前，要保证代换电感器规格

符合要求，在代换过程中，应注意代换方法，防止造成二次故障，力求代换后的电感器能够良好、长久、稳定的工作。

 **1. 电感器的规格**

电感器的规格主要是指电感器的类型、制作工艺和性能参数，在对电感器进行代换之前，要保证电感器规格与原电感器一致。

在前文中，已经知道了电感器的种类多样，不同类型的电感器制作工艺和性能参数也各不相同。因此，若对电感器进行代换之前，首先要了解待更换电感器的类型、制作工艺和具体性能参数，确保代换的电感器符合产品要求。在进行代换时，应遵循一定的原则，即

1）用两个电感器串联和并联的方式可以代替一个电感器。如用两个 $50\mu H$ 的串联电感器代替一个 $100\mu H$ 的电感器，这样做还可提高输出电流。

2）在滤波电路、扼流圈电路中电感量的大小要求不严格，但直流电阻不能大于原电感器。

3）在谐振电路中的电感器要求很严格，必须使用与原参数相同的电感器件进行代换。

4）电感线圈必须用参数相同的进行代换。

5）色环和色码电感需用同型号，且标称电感量相同的进行代换。

6）对于贴片式电感器，应根据规格参数或产品的要求代换。

一般情况下，我们可以从电感器的电路特征和外形特征方面对电感器进行识读。

（1）电感器在电路中的特征

通过电路特征识读电感器，就是指依托电路图来判断待更换电感器的规格。一般情况下，电感器在电路中的标识为"L"，电感器种类不同，其电路符号有所差异，常见电感器的电路符号如图3-17所示。

若发现不良的电感器需要代换时，在电路图中找到待更换的电感器的符号，然后根据其电路符号和名称标识（参数），就可以判断

出该电感器属于何种类型的电感器。此外，在电感器的电路符号和名称标识处，通常会有该电感器的相关参数信息，根据这些信息可以选购要代换的电感器。

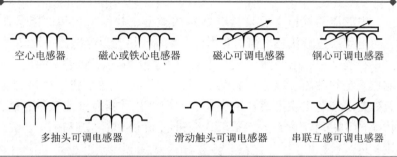

空心电感器　　磁心或铁心电感器　　磁心可调电感器　　钢心可调电感器

多抽头可调电感器　　　滑动触头可调电感器　　串联互感可调电感器

图3-17　常见电感器的电路符号

（2）根据电感器的外形特征

电感器种类的不同，具体的实物外形和制作工艺也不相同，通过外形特征识读电感器是指可以通过对电感器实物外形的观察，判别电感器的类型和制作工艺。

在代换电感器时，在电路板上找到需代换的电感器，通过观察该电感器的外形，便大体可以知晓它属于何种类型的电感器，以及其制作工艺和封装形式等信息，然后进一步通过标识信息便可识读出电感器的规格。

 **2. 注意事项**

由于电感器的形态各异，安装方式也不相同，因此在对电感器进行代换时一定要注意方法。要根据电路特点以及电感器自身特性来选择正确、稳妥的焊装方法。通常，电感器都是采用焊装的形式固定在电路板上。从焊装的形式上看，主要可以分为表面贴装和插接焊装两种形式。

对于表面贴装的电感器，其体积普遍较小，这类电感器常用在电路板上元器件密集的数码电路中，如图3-18所示。在拆卸和焊接时，最好使用热风焊枪，在加热的同时使用镊子来实现对电感器的抓取、固定或挪动等操作。

图 3-18　表面贴装电感器的拆卸和焊接方法

对于插接焊装的电感器，其引脚通常会穿过电路板，在电路板的另一面（背面）进行焊接固定，这种方式也是应用最广的一种安装方式，如图 3-19 所示。在对这类电感器进行代换时，通常使用普通电烙铁、焊锡丝即可。

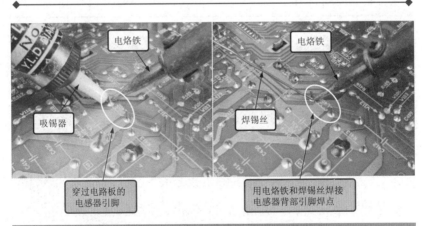

图 3-19　插接焊装电感器的拆卸和焊接方法

 **3. 拆卸与安装**

电感器的拆卸和安装方法与其他电子元器件基本相同，如图 3-20

所示。对于采用表面贴装形式安装在电路板上的电感器，由于焊接工艺、温度、环境等方面的影响，很可能会造成焊接不良的现象。

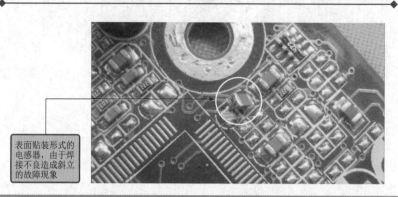

表面贴装形式的电感器，由于焊接不良造成斜立的故障现象

图3-20 电感器焊接不良的典型故障

此外，由于空心线圈、磁棒和磁环电感器属于电感量可变电感器，若线圈之间的间距或磁心的移动，则可能会影响电感量，因此在对该类电感器进行代换时，安装完毕后应将电感量调整到适当的位置上，然后用石蜡将线圈或磁心等进行固定，如图3-21所示。

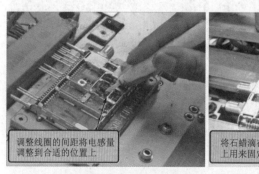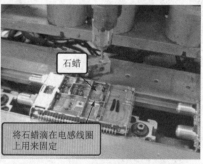

石蜡

调整线圈的间距将电感量调整到合适的位置上

将石蜡滴在电感线圈上用来固定

图3-21 线圈电感器线圈的调整和固定

## 3.3.2 电感器的代换

当电感器出现损坏的情况时，则应对其进行代换，由于电感器多采用分立式和贴片式安装在电路板上，因此对其进行代换时，应

根据具体安装方式的不同，采用不同的拆卸和安装方法。

 **1. 分立式电感器的代换方法**

在对分立式电感器进行代换时，应采用电烙铁、吸锡器、焊锡丝、镊子等工具进行拆卸和安装，如图 3-22 所示。先对电烙铁通电，进行预热，待预热完毕后再配合镊子将电感器取下，并进行清洁。

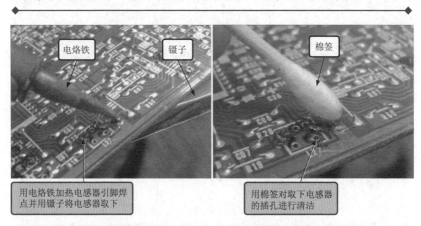

电烙铁　　镊子　　棉签

用电烙铁加热电感器引脚焊点并用镊子将电感器取下

用棉签对取下电感器的插孔进行清洁

图 3-22　拆卸分立式电感器的方法

代换分立式电感器时，应选用同型号的电感器。为了方便新电感器的焊接，通常需要将电感器的引脚进行加工，如图 3-23 所示。

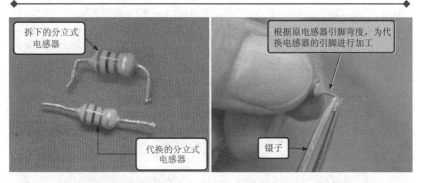

拆下的分立式电感器

根据原电感器引脚弯度，为代换电感器的引脚进行加工

代换的分立式电感器

镊子

图 3-23　选择同型号电感器并对电感器进行加工

将加工后的电感器放置在电路板中，如图 3-24 所示，使用电烙铁

和焊锡丝将电感器的引脚焊接在电路板中，完成分立式电感器的安装。

将电感器的两个引脚插入电路板
上原电感器两个引脚插孔内

使用电烙铁将焊锡丝熔化在电感器两端的引脚
上，待熔化后先抽离焊锡丝再抽离电烙铁

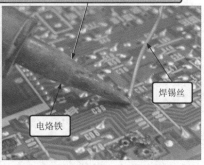

焊锡丝

电烙铁

图 3-24　分立式电感器的安装方法

 **2. 贴片式电感器的代换方法**

对于贴片式的电感器，则一般使用热风焊枪或镊子等进行拆卸和焊装，如图 3-25 所示。在拆卸和焊装贴片式电感器时，应将热风焊枪的温度调节旋钮调至 4 或 5 档，将风速调节旋钮调至 1 或 2 档，为热风焊枪通电，打开电源开关进行预热，然后再进行拆卸和焊装的操作。

风枪嘴

贴片式
电感器

贴片式
电感器

镊子

用镊子夹住贴片式电感器，用
热风焊机的风枪嘴加热

待焊锡熔化后，移去风枪嘴，
用镊子取下贴片式电感器

图 3-25　贴片式电感器的拆卸方法

安装贴片式电感器时，应使用镊子将待安装的贴片式电感器按在电路板相应的引脚上，然后使用热风焊枪对贴片式电感器的引脚部分进行加热，待焊锡熔化后，先移去风枪嘴，以防止元器件被吹掉，最后移走镊子，使贴片式电感器的引脚固定在电路板上，至此代换完毕。

# 第4章
# 二极管的应用与检测

## 4.1　二极管的特点与功能应用

### 4.1.1　二极管的种类特点

二极管是一种常用的半导体器件。二极管种类有很多，根据实际功能的不同，常见的二极管主要有整流二极管、发光二极管、稳压二极管、光电二极管、检波二极管、变容二极管、双向触发二极管等。

**1. 整流二极管**

扫一扫看视频

整流二极管的电路符号为"——▷|——"，是一种具有整流作用的二极管，可将交流整流成直流，主要用于整流电路中。图4-1所示为整流二极管的实物外形。

整流二极管的外壳封装常采用金属壳封装、塑料封装和玻璃封装三种形式。由于整流二极管的正向电流较大，所以整流二极管多为面接触型二极管，结面积大、结电容大，但工作频率较低。

相关资料

面接触型二极管是指其内部PN结采用合金法或扩散法制成的二极管，如图4-2所示。由于这种制作工艺的PN结面积较大，所以能通过较大的电流。但其工作频率较低，故常用作整流器件。

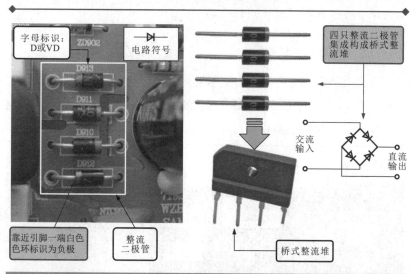

图 4-1　整流二极管的实物外形

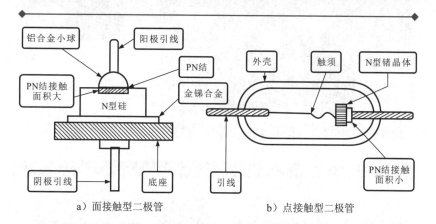

a）面接触型二极管　　　　　b）点接触型二极管

图 4-2　面接触型二极管内部结构

　　相对 PN 结面积较大的面接触型二极管而言，还有一种 PN 结面积较小的点接触型二极管，它是由一根很细的金属丝与一块 N 型半导体晶片的表面接触，使触点和半导体牢固的熔接而构成 PN 结。这样制成的 PN 结面积很小，只能通过较小的电流，承受较低的反向电压，但其高频特性好。因此点接触型二极管主要用于高频和小功率

71

的电路，或用作数字电路中的开关元件。

###  2. 发光二极管

发光二极管是指在工作时能够发光的二极管，简称 LED，其电路符号为"⊳⊢"。常用于显示器件或光电控制电路中的光源。图 4-3 这是典型发光二极管的实物外形。

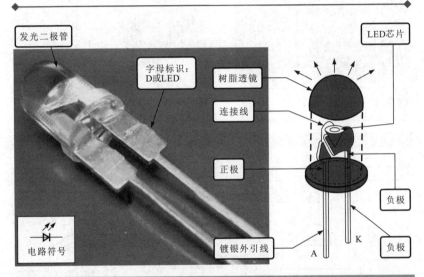

图 4-3　发光二极管的实物外形

**要点说明**

这种二极管是一种利用正向偏置时 PN 结两侧的多数载流子直接复合释放出光能的发射器件。通常，由元素周期表中的Ⅲ族和Ⅴ族元素的化合物砷化镓、磷化镓等制成。

**相关资料**

采用不同材料制成的发光二极管可以发出不同颜色的光，常见的有红光、黄光、绿光、橙光等。

发光二极管在正常工作时，处于正向偏置状态，在正向电流达到一定值时就发光。具有工作电压低、工作电流很小、抗冲击和抗振性能好、可靠性高、寿命长等特点。

除这些单色发光二极管外，还有可以发出两种颜色光的双向变色二极管和三色发光二极管，三色发光二极管能够发出红色、绿色和蓝色三种颜色的光，其实物外形如图4-4所示。

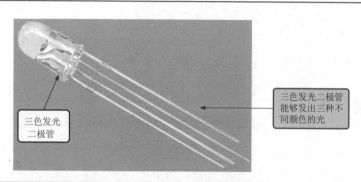

三色发光二极管

三色发光二极管能够发出三种不同颜色的光

图4-4　三色发光二极管实物外形

 **3. 稳压二极管**

稳压二极管常用的电路符号为"$\dashv\!\vdash$"或"$\dashv\!\vdash$"，是由硅材料制成的面结合型二极管，利用PN结反向击穿时，其两端电压固定在某一数值，基本上不随电流大小变化而变化的特点来进行工作的，因此可达到稳压的目的。这里的反向击穿状态是正常工作状态并不损坏二极管。图4-5所示为典型稳压二极管的实物外形。

从外形上看，稳压二极管与普通小功率整流二极管相似，主要有塑料封装、金属封装和玻璃封装三种封装形式。

**相关资料**

半导体器件中，PN结具有正向导通，反向截止的特性。但对于稳压二极管来说，若反向加入电压较高，该电压足以使其内部PN结反方向也导通，这个电压称为击穿电压。

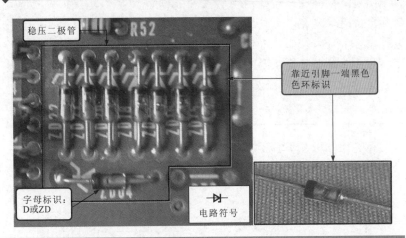

图4-5　稳压二极管的实物外形

在实际应用中，当加在稳压二极管上的反向电压临近击穿电压时，二极管的反向电流急剧增大，将发生击穿。这时电流在很大范围内改变时，管子两端电压基本保持不变，起到稳定电压的作用，其特性与普通二极管不同。

值得注意的是，稳压二极管在电路上应用时应串联限流电阻，即必须限制反向通过的电流，不能让稳压二极管击穿后电流无限增长，否则将立即被烧毁。

 **4. 光电二极管**

光电二极管又称为光敏二极管，它的电路符号为""。光电二极管的特点是当受到光照射时，二极管反向阻抗会随之变化（随着光照射的增强，反向阻抗会由大到小）。利用这一特性，光电二极管常作为光电传感器件使用。图4-6所示为典型光电二极管的实物外形。

 **5. 检波二极管**

检波二极管是利用二极管的单向导电性，再与滤波电容配合，可以把叠加在高频载波上的低频信号检出来的器件，其电路符号为

"➤". 这种二极管具有较高的检波效率和良好的频率特性，常用在收音机的检波电路中。

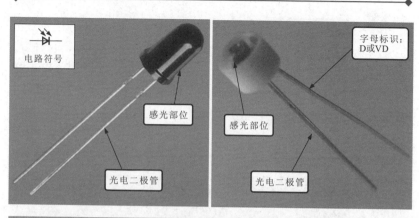

图4-6　光电二极管的实物外形

图4-7所示为检波二极管的实物外形。该类二极管多采用塑料、玻璃或陶瓷外壳，以保证良好的高频特性。

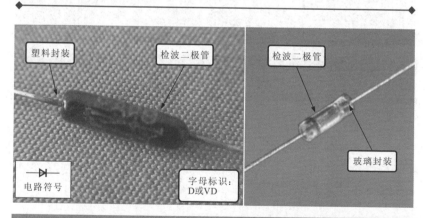

图4-7　检波二极管的实物外形

相关资料

检波效率是检波二极管的特殊参数，它是指在检波二极管输出电路电阻负载上产生的直流输出电压与加于输入端的正弦交流信号电压峰值之比的百分数。

### 6. 变容二极管

变容二极管是利用PN结的电容随外加偏压而变化这一特性制成的非线性半导体器件，在电路中起电容器的作用，被广泛地用于超高频电路中的参量放大器、电子调谐及倍频器等高频和微波电路中，其电路符号为“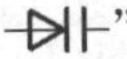”或“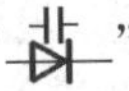”。图4-8所示为典型变容二极管的实物外形。

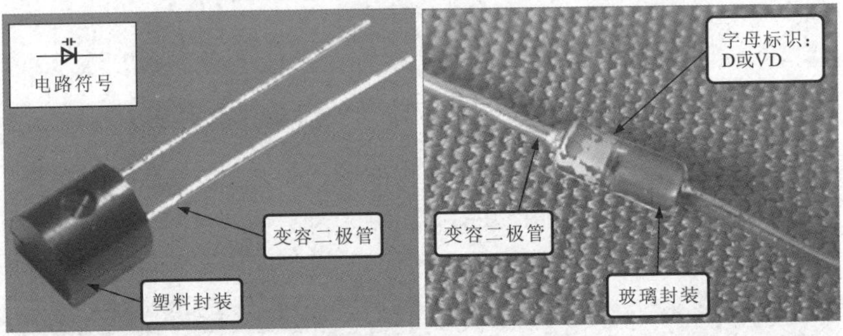
电路符号
变容二极管
塑料封装
字母标识：
D或VD
变容二极管
玻璃封装

图4-8　变容二极管的实物外形

**相关资料**

变容二极管是利用PN结空间能保持电荷具有电容器特性的原理制成的特殊二极管，该二极管两极之间的电容量为3～50pF，实际上是一个电压控制的微调电容，主要用于调谐电路。

### 7. 双向触发二极管

双向触发二极管又称为二端交流器件（简称DIAC），其电路符号为“”。它是一种具有三层结构的对称两端半导体器件，常用来触发晶闸管，或用于过压电保护、定时、移相电路。图4-9所示

为典型双向触发二极管的实物外形。

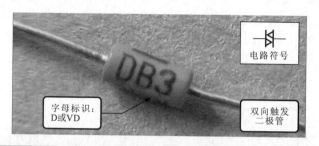

电路符号

字母标识：
D或VD

双向触发
二极管

图 4-9 双向触发二极管的实物外形

## 4.1.2 电感器的功能应用

 **1. 二极管的整流功能**

二极管具有单向导电特性，因此可以利用二极管组成整流电路，将原本交变的交流电压信号整流成同相脉动的直流电压信号，变换后的波形小于变换前的波形。图 4-10 所示为整流二极管构成的整流电路。

半波整流电路中的二极管，由于二极管具有单向导电特性，在交流输入电压处于正半周时，二极管导通；在交流电压负半周时，二极管截止，因而交流电经二极管 VD 整流后就变为脉动直流电压（缺少半个周期），然后再经 RC 滤波即可得到比较稳定的直流电压。

全波整流电路中的二极管，在该电路中，变压器二次绕组分别连接了两个整流二极管。变压器二次绕组以中间抽头为基准组成上下两个半波整流电路。依据二极管的功能特性，VD1 对交流电正半周电压进行整流；二极管 VD2 负半周的电压进行整流，这样最后得到两个半波整流合成的电流，称为全波整流。

相关资料

整流二极管的整流作用是利用了二极管的单向导通、反向截止的特性。可以打个比方，将整流二极管想象成为一个只能单方向打开的闸门，将交流电流看作不同流向的水流，如图 4-11 所示。

　　交流是电流交替变化的电流，如水流推动水车一样，交变的水流会使水车正向、反向交替运转，如图 4-11a 所示。在水流的通道中设一闸门，正向水流时闸门打开，水流推动水车运转。如果水流反向流动时闸门自动关闭，如图 4-11b 所示。水不能反向流动，水车也不会反转。这样的系统中水只能正向流动，这就是整流的功能。

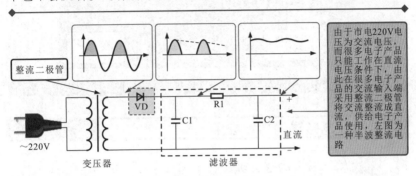

由于市电220V电压为交流电压，而很多电子产品只能工作在直流电压条件下，由此在很多电子产品的交流输入端采用整流二极管将交流整流成直流，供给电子产品使用，左图为一种半波整流电路

a）二极管的半波整流作用

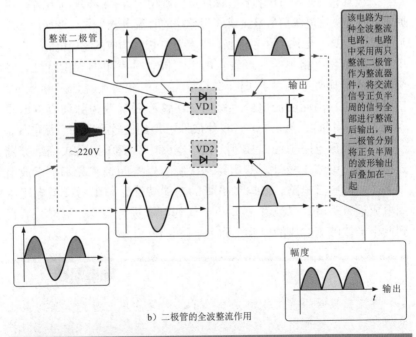

该电路为一种全波整流电路，电路中采用两只整流二极管作为整流器件，将交流信号正负半周的信号全部进行整流后输出，两二极管分别将正负半周的波形输出后叠加在一起

b）二极管的全波整流作用

图 4-10　整流二极管构成的整流电路

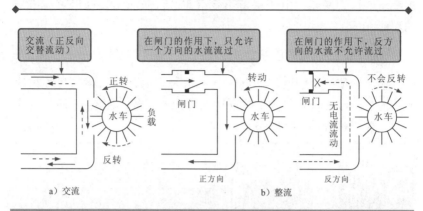

图 4-11　整流二极管的工作原理示意图

 **2. 二极管的稳压功能**

稳压二极管是利用二极管反向击穿特性而制造的稳压器件，当给二极管外加的反向电压达一定值时，二极管将反向击穿，电流激增。但此时二极管并没有损坏，而且两极之间保持恒定的电压，不同的稳压二极管具有不同的稳压值。图 4-12 所示为由稳压二极管构成的稳压电路。

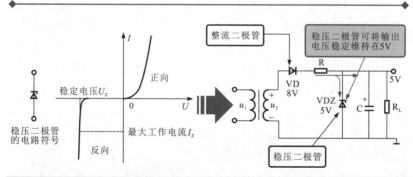

图 4-12　稳压二极管的稳压特性

稳压二极管 VDZ 负极接外加电压的高端，正极接外加电压的低端。当稳压二极管 VDZ 反向电压接近稳压二极管 VDZ 的击穿电压值（5V）时，电流急剧增大，稳压二极管 VDZ 呈击穿状态。在该状态下稳压二极管两端的电压保持不变（5V），从而实现稳定直流电压的功能。

###  3. 二极管的检波功能

检波功能是指能够将调制在高频信号上的低频包络信号检出来的功能。检波二极管是为实现这种功能而制作的。图 4-13 所示为由检波二极管构成的检波电路。

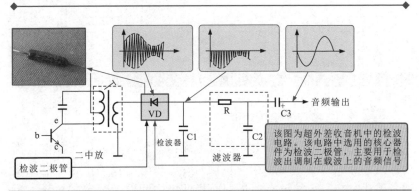

图 4-13　检波二极管的检波功能

在该电路中，VD 为检波二极管。第二中放输出的调幅波加到检波二极管 VD 负极，由于检波二极管具有单向导电特性，其负半周调幅波通过检波二极管，正半周被截止，输出的调幅波只有负半周。负半周的调幅波再由 RC 滤波器滤除其中的高频成分，输出其中的低频成分，输出的就是调制在载波上的包络信号，即音频信号，这个过程称为检波。

## 4.2　二极管的检测

### 4.2.1　整流二极管的检测

对整流二极管检测时，可使用万用表分别对待测整流二极管的正、反向阻值及导通电压进行检测。

图4-14所示为待测的整流二极管。通常可使用万用表检测其引脚间正、反向阻值，并根据检测结果来判断其是否正常。

负极

带有环状标识的一侧为负极，另一侧则为正极

待测整流二极管

正极

图4-14　待测的整流二极管

调整好指针万用表档位后，将红、黑表笔搭在整流二极管的两引脚上，根据检测结果判断出整流二极管是否正常，如图4-15所示。

扫一扫看视频

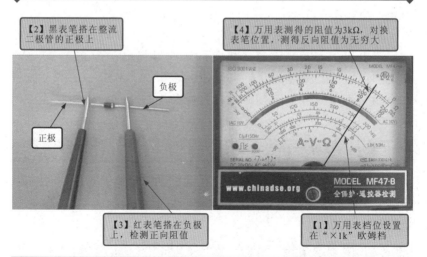

【2】黑表笔搭在整流二极管的正极上

负极

【4】万用表测得的阻值为3kΩ，对换表笔位置，测得反向阻值为无穷大

正极

【3】红表笔搭在负极上，检测正向阻值

【1】万用表档位设置在"×1k"欧姆档

图4-15　整流二极管正、反向阻值的检测方法

正常情况下，整流二极管的正向阻值为几千欧姆（该二极管为3kΩ左右），反向阻值为无穷大；若正、反向阻值都为无穷大或阻值很小，则说明该整流二极管损坏；整流二极管的正、反向阻值相差越大越好，若测得正反向阻值相近，说明该整流二极管性能不良；若万用表指针一直不断摆动，不能停止在某一阻值上，多为该整流二极管的热稳定性不好。

### 🌀 要点说明

一般情况下检测二极管时，黑表笔搭在二极管的正极时，检测的是二极管正向阻值。这是由万用表的内部结构来决定的，其内部电池的正极连接黑表笔，电池的负极连接红表笔。根据二极管的单向导电特性，当二极管正极加电源正极，负极加电源负极时，是为二极管加正向电压，这样结合起来就不难理解了。

但要注意数字万用表情况正好相反，其黑表笔搭在二极管的负极时，检测的是二极管的反向阻值。

图4-16为整流二极管导通电压的检测方法。检测时可通过数字万用表检测其导通电压，从而来判断其是否正常。

正常情况下，整流二极管有一定的正向导通电压，但没有反向导通电压。若实测整流二极管的正向导通电压为0.2~0.3V，则说明该整流二极管为锗材料制作；若实测为0.6~0.7V，则说明所测整流二极管为硅材料；若测得电压不正常，说明整流二极管不良。

### 4.2.2　发光二极管的检测

检测发光二极管时，可使用万用表检测其引脚间正、反向阻值，根据检测结果来判断其是否正常。图4-17所示为发光二极管正向阻值的检测。

图4-18所示为发光二极管的反向阻值的检测。正常情况下，黑表笔搭正极，红表笔搭负极，发光二极管能发光，且有一定的正向阻值（该发光二极管约为20kΩ），对换表笔后，发光二极管不能发

光，反向阻值为无穷大。若正向阻值和反向阻值都趋于无穷大，说明发光二极管存在断路故障；若正向阻值和反向电阻都趋于0，说明发光二极管击穿短路；若正向阻值和反向阻值数值都很小，可以断定该发光二极管已被击穿。

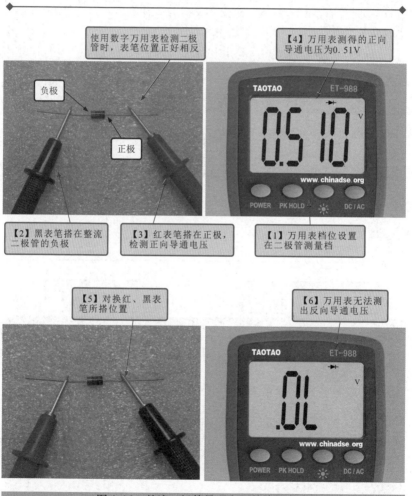

图4-16   整流二极管导通电压的检测方法

【3】红表笔搭在负极引脚上，发光二极管放光

【4】万用表测得的阻值为20kΩ

负极

正极

【2】黑表笔搭在发光二极管的正极引脚上

【1】万用表档位设置在"×1k"欧姆档

图4-17 发光二极管正向阻值的检测

扫一扫看视频

【2】黑表笔搭在发光二极管的负极引脚上

【4】万用表测得的阻值为无穷大

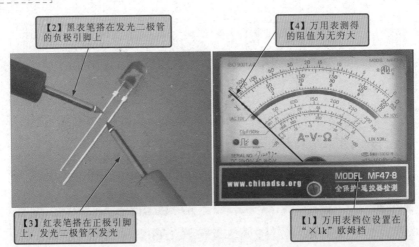

【3】红表笔搭在正极引脚上，发光二极管不发光

【1】万用表档位设置在"×1k"欧姆档

图4-18 发光二极管反向阻值的检测方法

### 要点说明

在检测发光二极管的正向阻值时，选择不同的欧姆档量程，发光二极管所发出的光线亮度也会不同，如图4-19所示。通常，所选量程的输出电流越大，发光二极管的光线越亮。

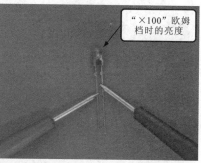

"×100k"欧姆档时的亮度

"×100"欧姆档时的亮度

图4-19　发光二极管的发光亮度

## 4.2.3　稳压二极管的检测

对稳压二极管检测时，可使用万用表分别对待测稳压二极管的正、反向阻值进行检测。

图4-20所示为待测的稳压二极管。通常可使用万用表检测其引脚间正、反向阻值，根据检测结果来判断其是否正常。

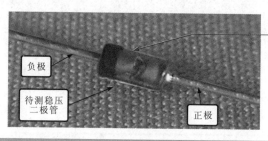

带有环状标识的一侧为负极，另一侧则为正极

负极

待测稳压二极管

正极

图4-20　待测的稳压二极管

检测时，将万用表的黑表笔搭在稳压二极管的正极，红表笔搭

在负极，检测稳压二极管正向阻值；然后将红、黑表笔对调，检测反向阻值，观察万用表的读数，如图4-21所示。

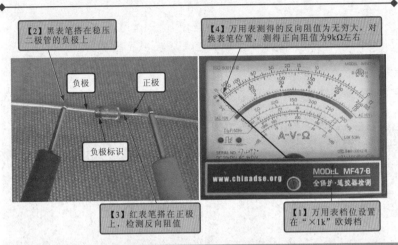

【2】黑表笔搭在稳压二极管的负极上

负极　　　正极

负极标识

【4】万用表测得的反向阻值为无穷大，对换表笔位置，测得正向阻值为9kΩ左右

【3】红表笔搭在正极上，检测反向阻值

【1】万用表档位设置在"×1k"欧姆档

图4-21　稳压二极管正、反向阻值的检测方法

正常情况下，稳压二极管的正向阻抗为几千欧（该稳压二极管约为9kΩ），反向阻抗为无穷大，若测得的阻值均为无穷大或零，说明该稳压二极管已经损坏。

### 要点说明

使用万用表检测稳压二极管的稳压值时，必须在外加偏压（提供反向电流）的条件下进行。将稳压二极管（稳压值为6V）与12V供电电源、限流电阻（1kΩ）搭成图4-22所示电路，将万用表调至"直流10V"电压档，黑表笔搭在稳压二极管正极，红表笔搭在稳压二极管负极，观察万用表所显示的电压值。

正常情况下，万用表所测电压值应与稳压二极管的额定稳压值相同，若检测的电压与稳压二极管稳压规格不一致，说明稳压二极管不正常。

## 4.2.4　光电二极管的检测

根据光电二极管在不同光照条件下电阻值会发生变化的特性，

使用万用表对其阻值进行检测，来判断其性能好坏。图 4-23 所示为光电二极管的正向阻值的检测。

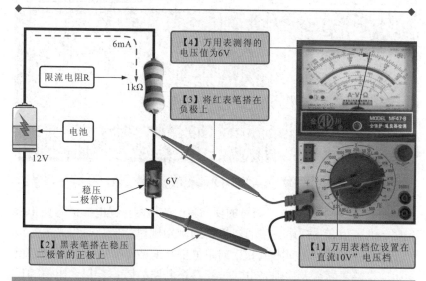

图 4-22　在特定电路中测量稳压二极管的稳压值

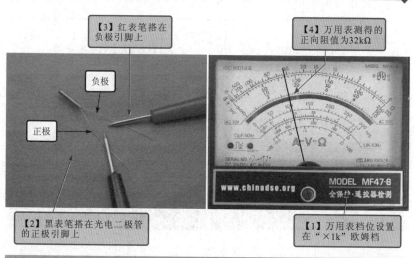

图 4-23　光电二极管正向阻值的检测

【5】红、黑表笔保持不动，使用强光源照射感光部位

【6】万用表测得的正向阻值减小为5kΩ

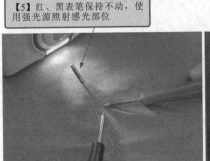

图4-23　光电二极管正向阻值的检测（续）

　　图4-24所示为光电二极管的反向阻值的检测。光电二极管在正常光照下的阻值变化规律与普通二极管的判别规律相同，而当光电二极管在强光源下时，正向阻值和反向阻值都相应减小；若正向阻值和反向阻值都趋于无穷大，则光电二极管存在断路故障；若正向阻值和反向阻值都趋于0，则光电二极管击穿短路；若光电二极管经强光源照射后，其正反向阻值没有变化或变化极小，说明光电二极管不良。

【2】黑表笔搭在光电二极管的负极引脚上

【4】万用表测得的阻值为无穷大

负极

正极

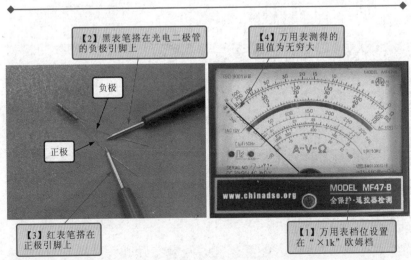

【3】红表笔搭在正极引脚上

【1】万用表档位设置在"×1k"欧姆档

图4-24　光电二极管反向阻值的检测

【5】红、黑表笔保持不动，使用强光源照射感光部位

【6】万用表测得的阻值减小到30kΩ左右

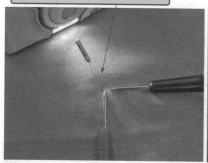

图4-24　光电二极管反向阻值的检测（续）

## 4.2.5　检波二极管的检测

检测检波二极管是否正常，可使用万用表的通断测试档（蜂鸣档）检测其正、反向阻值来进行判断，如图4-25所示。

【2】黑表笔搭在检波二极管的正极引脚上

【4】万用表可测得一定的阻值，并且万用表发出蜂鸣声，对换表笔位置，测得阻值为无穷大，万用表无声音发出

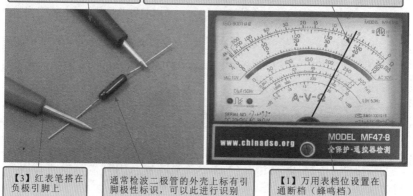

【3】红表笔搭在负极引脚上

通常检波二极管的外壳上标有引脚极性标识，可以此进行识别

【1】万用表档位设置在通断档（蜂鸣档）

图4-25　检波二极管的检测方法

通常，检波二极管可测出正向电阻值，并且万用表发出蜂鸣声；

检测出的反向阻值一般为无穷大，也不能听到蜂鸣声。若检测结果与上述情况不符，说明检波二极管已损坏。

## 4.2.6　变容二极管的检测

检测变容二极管是否正常，可使用万用表检测变容二极管的正、反向阻值来判断其是否良好，如图4-26所示。

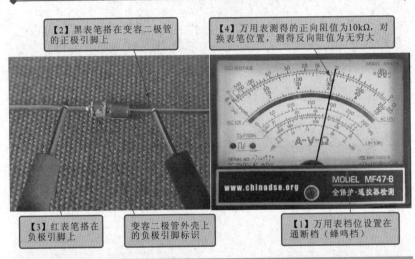

【2】黑表笔搭在变容二极管的正极引脚上

【4】万用表测得的正向阻值为10kΩ，对换表笔位置，测得反向阻值为无穷大

【3】红表笔搭在负极引脚上

变容二极管外壳上的负极引脚标识

【1】万用表档位设置在通断档（蜂鸣档）

图4-26　变容二极管的正、反向阻值的检测

正常情况下，变容二极管有一定的正向阻值（约为10kΩ），反向阻值为无穷大。若检测时，正向阻值和反向阻值都为无穷大或零，说明该变容二极管已损坏。

## 4.2.7　双向触发二极管的检测

对双向触发二极管进行检测，可使用万用表的欧姆档检测双向触发二极管引脚间的阻值，一般不需要区分其引脚极性，直接测量即可，如图4-27所示。

双向触发二极管正、反向阻值都很大，而万用表所有电阻档的内压均不足以使其导通，因此开路检测时，其正、反向阻值都为无穷大，若阻值很小或为零，说明该双向触发二极管损坏。

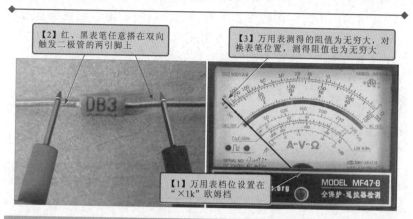

【2】红、黑表笔任意搭在双向触发二极管的两引脚上

【3】万用表测得的阻值为无穷大，对换表笔位置，测得阻值也为无穷大

【1】万用表档位设置在"×1k"欧姆档

图4-27　双向触发二极管的检测

　　若双向触发二极管有断路故障，开路检测便不能判断出其是否损坏，因此检测双向触发二极管时，最好将其放置于一定的电路中，使用数字万用表检测双向触发二极管的输出电压值进行判断，如图4-28所示。

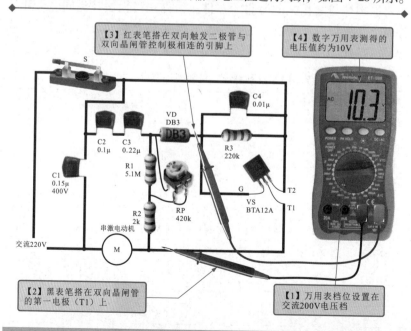

【3】红表笔搭在双向触发二极管与双向晶闸管控制极相连的引脚上

【4】数字万用表测得的电压值约为10V

【2】黑表笔搭在双向晶闸管的第一电极（T1）上

【1】万用表档位设置在交流200V电压档

图4-28　双向触发二极管的在路检测

正常情况下，双向触发二极管导通，双向晶闸管控制极有触发信号，也会导通，因此用数字万用表可检测出约 10V 的交流电压；若无法测得电压，说明双向触发二极管存在断路故障。

## 4.3　二极管的选用代换

### 4.3.1　二极管的选用

二极管的代换原则就是指在代换之前，要保证代换二极管的规格符合产品要求。

对二极管进行代换时应尽量选用同型号、同类型的二极管进行代换，以确保其各项参数符合应用要求，若代换不当，不仅可能损坏所代换二极管，还可能对其所应用电路或设备造成损伤，严重时还可能损坏与之相关的所有元器件。另外，当无法找到同型号元器件时，应根据被代换器件的各项参数选用与之相匹配的元件。常用1N 系列稳压二极管型号及可替换型号见表 4-1。

表 4-1　常用 1N 系列稳压二极管型号及可替换型号速查表

| 型号 | 额定电压/V | 最大工作电流/mA | 可替换型号 |
|---|---|---|---|
| 1N708 | 5.6 | 40 | BWA54、2CW28 （5.6V） |
| 1N709 | 6.2 | 40 | 2CW55/B （硅稳压二极管）、BWA55/E |
| 1N710 | 6.8 | 36 | 2CW55A、2CW105 （硅稳压二极管：6.8V） |
| 1N711 | 7.5 | 30 | 2CW56A （硅稳压二极管）、2CW28 （硅稳压二极管：7.5V）、2CW106 （范围 7.0～8.8V：选 7.5V） |
| 1N712 | 8.2 | 30 | 2CW57/B、2CW106 （范围 7.0～8.8V：选 8.2V） |
| 1N713 | 9.1 | 27 | 2CW58A/B、2CW74 |
| 1N714 | 10 | 25 | 2CW18、2CW59/A/B |
| 1N715 | 11 | 20 | 2CW76、2DW 12F、BS31-12 |
| 1N716 | 12 | 20 | 2CW61/A、2CW77/A |
| 1N717 | 13 | 18 | 2CW62/A、2DW21G |

（续）

| 型号 | 额定电压/V | 最大工作电流/mA | 可替换型号 |
| --- | --- | --- | --- |
| 1N718 | 15 | 16 | 2CW112（范围13.5～17V：选15V）、2CW78A |
| 1N719 | 16 | 15 | 2CW63/A/B、2DW12H |
| 1N720 | 18 | 13 | 2CW20B、2CW64/B、2CW68（范围18～21V：选18V） |
| 1N721 | 20 | 12 | 2CW65（范围20～24V：选20V）、2DW12I、BWA65 |
| 1N722 | 22 | 11 | 2CW20C、2DW12J |
| 1N723 | 24 | 10 | WCW116、2DW13A |
| 1N724 | 27 | 9 | 2CW20D、2CW68、BWA68/D |
| 1N725 | 30 | 13 | 2CW119（范围29～33V：选30V） |
| 1N726 | 33 | 12 | 2CW120（范围32～36V：选33V） |
| 1N727 | 36 | 11 | 2CW120（范围32～36V：选36V） |
| 1N728 | 39 | 10 | 2CW121（范围35～40V：选39V） |
| 1N748 | 3.8～4.0 | 125 | HZ4B2 |
| 1N752 | 5.2～5.7 | 80 | HZ6A |
| 1N753 | 5.8～6.1 | 80 | 2CW132（范围5.5～6.5V） |
| 1N754 | 6.3～6.8 | 70 | H27A |
| 1N755 | 7.1～7.3 | 65 | HZ7.5EB |
| 1N757 | 8.9～9.3 | 52 | HZ9C |
| 1N962 | 9.5～11 | 45 | 2CW137（范围：10.0～11.8V） |
| 1N963 | 11～11.5 | 40 | 2CW138（范围：11.5～12.5V）、HZ12A-2 |
| 1N964 | 12～12.5 | 40 | HZ12C-2、MA1130TA |
| 1N969 | 21～22.5 | 20 | RD245B |
| 1N4240A | 10 | 100 | 2CW108（范围：9.2～10.5V：选10V）、2CW109（范围：10.0～11.8V）、2DW5 |
| 1N4724A | 12 | 76 | 2DW6A、2CW110（范围：11.5～12.5V：选12V） |
| 1N4728 | 3.3 | 270 | 2CW101（范围：2.5～3.6V：选3.3V） |
| 1N4729 | 3.6 | 252 | 2CW101（范围：2.5～3.6V：选3.6V） |
| 1N4729A | 3.6 | 252 | 2CW101（范围：2.5～3.6V：选3.6V） |

（续）

| 型号 | 额定电压/V | 最大工作电流/mA | 可替换型号 |
|---|---|---|---|
| 1N4730A | 3.9 | 234 | 2CW102（范围：3.2~4.7V：选3.9V） |
| 1N4731 | 4.3 | 217 | 2CW102（范围：3.2~4.7V：选4.3V） |
| 1N4731A | 4.3 | 217 | 2CW102（范围：3.2~4.7V：选4.3V） |
| 1N4732/A | 4.7 | 193 | 2CW102（范围：3.2~4.7V：选4.7V） |
| 1N4733/A | 5.1 | 179 | 2CW103（范围：4.0~5.8V：选5.1V） |
| 1N4734/A | 5.6 | 162 | 2CW103（范围：4.0~5.8V：选5.6V） |
| 1N4735/A | 6.2 | 146 | 1W6V2、2CW104（范围：5.5~6.5V：选6.2V） |
| 1N4736/A | 6.8 | 138 | 1W6V8、2CW104（范围：5.5~6.5V：选6.8V） |
| 1N4737/A | 7.5 | 121 | 1W7V5、2CW105（范围：6.2~7.5V：选7.5V） |
| 1N4738/A | 8.2 | 110 | 1W8V2、2CW106（范围：7.0~8.8V：选8.2V） |
| 1N4739/A | 9.1 | 100 | 1W9V1、2CW107（范围：8.5~9.5V：选9.1V） |
| 1N4740/A | 10 | 91 | 2CW286-10V、B563-10 |
| 1N4741/A | 11 | 83 | 2CW109（范围：10.0~11.8V：选11V）、2DW6 |
| 1N4742/A | 12 | 76 | 2CW110（范围：11.5~12.5V：选12V）、2DW6A |
| 1N4743/A | 13 | 69 | 2CW111（范围：12.2~14V：选13V）、2DW6B、BWC114D |
| 1N4744/A | 15 | 57 | 2CW112（范围：13.5~17V：选15V）、2DW6D |
| 1N4745/A | 16 | 51 | 2CW112（范围：13.5~17V：选16V）、2DW6E |
| 1N4746/A | 18 | 50 | 2CW113（范围：16~19V：选18V）、1W18V |
| 1N4747/A | 20 | 45 | 2CW114（范围：18~21V：选20V）、BWC115E |
| 1N4748/A | 22 | 41 | 2CW115（范围：20~24V：选22V）、1W22V |
| 1N4749/A | 24 | 38 | 2CW116（范围：23~26V：选24V）、1W24V |
| 1N4750/A | 27 | 34 | 2CW117（范围：25~28V：选27V）、1W27V |
| 1N4751/A | 30 | 30 | 2CW118（范围：27~30V：选30V）、1W30V、2DW19F |
| 1N4752/A | 33 | 27 | 2CW119（范围：29~33V：选33V）、1W33V |
| 1N4753 | 36 | 13 | 2CW120（范围：32~36V：选36V）、1/2W36V |
| 1N4754 | 39 | 12 | 2CW121（范围：35~40V：选39V）、1/2W39V |

（续）

| 型号 | 额定电压/V | 最大工作电流/mA | 可替换型号 |
|---|---|---|---|
| 1N4754 | 43 | 12 | 2CW122（43V）、1/2W43V |
| 1N4756 | 47 | 10 | 2CW122（47V）、1/2W47V |
| 1N4757 | 51 | 9 | 2CW123（51V）、1/2W51V |
| 1N4758 | 56 | 8 | 2CW124（56V）、1/2W56V |
| 1N4759 | 62 | 8 | 2CW124（62V）、1/2W62V |
| 1N4760 | 68 | 7 | 2CW125（68V）、1/2W68V |
| 1N4761 | 75 | 6.7 | 2CW126（75V）、1/2W75V |
| 1N4762 | 82 | 6 | 2CW126（82V）、1/2W82V |
| 1N4763 | 91 | 5.6 | 2CW127（91V）、1/2W91V |
| 1N4764 | 100 | 5 | 2CW128（100V）、1/2W100V |
| 1N5226/A | 3.3 | 138 | 2CW51（范围：2.5~3.6V：选3.3V）、2CW5226 |
| 1N5227/A/B | 3.6 | 126 | 2CW51（范围：2.5~3.6V：选3.6V）、2CW5227 |
| 1N5228/A/B | 3.9 | 115 | 2CW52（范围：3.2~4.5V：选3.9V）、2CW5228 |
| 1N5229/A/B | 4.3 | 106 | 2CW52（范围：3.2~4.5V：选4.3V）、2CW5229 |
| 1N5230/A/B | 4.7 | 97 | 2CW53（范围：4.0~5.8V：选4.7V）、2CW5230 |
| 1N5231/A/B | 5.1 | 89 | 2CW53（范围：4.0~5.8V：选5.1V）、2CW5231 |
| 1N5232/A/B | 5.6 | 81 | 2CW103（范围：4.0~5.8V：选5.6V）、2CW5232 |
| 1N5233/A/B | 6 | 76 | 2CW104（范围：5.5~6.5V：选6V）、2CW5233 |
| 1N5234/A/B | 6.2 | 73 | 2CW104（范围：5.5~6.5V：选6.2V）、2CW5234 |
| 1N5235/A/B | 6.8 | 67 | 2CW105（范围：6.2~7.5V：选6.8V）、2CW5235 |

 **1. 整流二极管的代换原则和注意事项**

整流二极管的代换原则和注意事项见表4-2。

 **2. 检波二极管的代换原则和注意事项**

检波二极管的代换原则和注意事项见表4-3。

表4-2　整流二极管的代换原则和注意事项

| 类型 | 特点 | 适用电路 | 选用注意事项 |
|---|---|---|---|
| 整流二极管 | 击穿电压高，反向漏电流小，高温性能良好 | 适用于各种电源的整流电路；保护电路、测量电路；控制电路、照明电路 | • 整流二极管的功率应满足电路要求，并应根据电路的工作频率和工作电压进行选择<br>• 选用的整流二极管的最大整流电流、最大反向工作电流、截止频率应、反向恢复时间应等参数应符合电路设计要求<br>• 选用整流二极管时，还主要应考虑其反向峰值电压、最大整流电流、最大反向工作电流、截止频率及反向恢复时间等<br>• 普通的串联型稳压电路选用二极管时，一般只需根据电路的要求选择最大整理电流和最大反向工作电流符合要求的整流二极管即可（如1N系列、2CZ系列等）<br>• 对于开关稳压电源中，应选用工作频率较高、反向恢复时间较短的整流二极管（如RU系列、EU系列、V系列、1SR系列）或选择快恢复二极管<br>• 对于彩色电视机的行扫描电路，不仅应注意所选用整流二极管的一些参数特性，还要重点考虑二极管的开关时间，一般选用FR-200、FR-206等系列整流二极管<br>• 对于收音机、收录机的电源部分多选用硅塑封的普通整流二极管，如2CE系列、1N4000系列等 |

表4-3　检波二极管的代换原则和注意事项

| 类型 | 特点 | 适用电路 | 选用注意事项 |
|---|---|---|---|
| 检波二极管 | 一般采用锗材料点接触型结构，结间电容小，工作频率高。 | 高频检波电路；混频、鉴频、鉴相限幅、钳位、开关和调制电路等；AGC电路 | • 选用时应根据电路的具体要求来选择工作频率高、反向电流小、正向电流足够大的检波二极管<br>• 因检波是对高频波整流，二极管的结电容一定要小，所以选用点接触二极管<br>• 检波二极管的正向电阻在$200\sim900\Omega$之间较好；而其反向电阻则是越大越好<br>• 按频率的要求选用：2AP1型～2AP8型（包括2AP8A、2AP8B型）适用于150MHz以下；2AP9、2AP10型适用于100MHz以下；2AP31A型适用于400MHz以下；2AP32型适用于2000MHz以下等。晶体管收音机的检波电路可选用2AP9、2AP10型管，它们的工作频率可达100MHz、结电容小于1pF，适合作小信号检波<br>• 收音机、录音机的检波电路、自动音量控制电路中，可选用2AP9、2AP10等型号的二极管 |

**3. 稳压二极管的代换原则和注意事项**

稳压二极管的代换原则和注意事项见表4-4。

表4-4　稳压二极管的代换原则和注意事项

| 类型 | 特点 | 适用电路 | 选用注意事项 |
|---|---|---|---|
| 稳压二极管 | 工作在反向击穿状态下 | 稳压电源电路中作为基准电压源；过电压保护电路中作为保护二极管；延迟电路等 | • 选用稳压二极管的稳定电压值应与应用电路的基准电压值相同<br>• 选用稳压二极管的最大稳定电流应高于应用电路的最大负载电流50%左右<br>• 应尽量选用动态电阻较小的稳压管，动态电阻越小，稳压管性能越好<br>• 选用稳压二极管的功率应符合应用电路的设计要求<br>• 选用的稳压二极管可串联使用（由于二极管参数的离散型比较大，通常不并联使用）<br>• 选用稳压二极管应根据环境不同，选用不同的耗散功率类型，如若环境温度超过50℃时，温度每升高1℃，应将最大耗散功率降低1% |

 **4. 发光二极管的代换原则和注意事项**

发光二极管的代换原则和注意事项见表4-5。

表4-5　发光二极管的代换原则和注意事项

| 类型 | 特点 | 适用电路 | 选用注意事项 |
|---|---|---|---|
| 发光二极管 | 具有体积小，工作电压低，亮度高，寿命长，视角大等特点 | 检测电路、指示灯电路、数字化仪表电路、计算机或其他电子设备的数字显示电路；工作状态指示电路（如显示器的电源指示灯等）等；常用于显示器件或光电控制电路中的光源 | • 选用发光二极管的额定电流应大于电路中最大允许电流值<br>• 根据要求选择发光二极管的发光颜色，如作为电源指示可选择红色。另外，一般普通绿色、黄色、红色、橙色发光二极管的工作电压为2V左右；白色发光二极管的共作电压通常大于2.4V；蓝色发光二极管的工作电压通常大于3.3V<br>• 根据安装位置，选择发光二极管的形状和尺寸<br>• 普通发光二极管的工作电压一般为2～2.5V。电路只要满足工作电压的要求，不论是直流还是交流都可以 |

**5. 变容二极管的代换原则和注意事项**

变容二极管的代换原则和注意事项见表4-6。

表4-6　变容二极管的代换原则和注意事项

| 类型 | 特点 | 适用电路 | 选用注意事项 |
|---|---|---|---|
| 变容二极管 | 变容二极管为一种反偏压二极管，正常时工作在反向偏置状态，即负极上的电压大于正极上的电压；PN结的结电容随反向电压的变化而变化（反向偏压越大，结电容越小） | 电视机中的电子调谐电路；调频收音机AFC电路中的振荡回路；倍频电路中；手机或座机的高频调制电路 | • 所选用变容二极管的工作频率符合应用电路的要求<br>• 所选用二极管的最高反向工作电压符合应用电路的要求<br>• 最大正向电流和零偏压结电容和电容变化范围等参数应符合应用电路的要求<br>• 应尽量选用结电容变化大、高Q值、反向漏电流小的变容二极管 |

 **6. 开关二极管的代换原则和注意事项**

开关二极管的代换原则和注意事项见表4-7。

表4-7　开关二极管的代换原则和注意事项

| 类型 | 特点 | 适用电路 | 选用注意事项 |
|---|---|---|---|
| 开关二极管 | 开关二极管是利用PN结的单向导电性，在电路中对电流进行控制，来实现对电路开和关的控制；具有开关速度快、体积小、寿命长、可靠性高等特点 | 收录机、电视机、影碟机等家用电器及电子设备中的开关电路、检波电路、高频脉冲整流电路等；门电路、钳位电路；自动控制电路等 | • 选用开关二极管的正向电流、最高反向电压、反向恢复时间等应满足应用电路要求<br>• 在收录机、电视机及其他电子设备的开关电路中（包括检波电路），常选用2CK、2AK系列小功率开关二极管<br>• 在彩色电视机的高速开关电路中，可选用1N4148、1N4151、1N4152等开关二极管<br>• 在录像机、彩色电视机的电子调谐器等开关电路中，可选用MA165、MA166、MA167型高速开关二极管 |

　　由于二极管的形态各异，安装方式也不相同，因此在对二极管进行代换时一定要注意方法。要根据电路特点以及二极管自身特性来选择正确、稳妥的代换方法。通常，二极管都是采用焊装的形式固定在电路板上，从焊装的形式上看，主要可以分为表面贴装和插接焊装两种形式。

　　对于表面贴装的二极管，其体积普遍较小，这类二极管常用在电路板上元器件密集的数码电路中。在拆卸和焊接时，最好使用热风焊枪，通常使用镊子来实现对二极管的抓取、固定或挪动等操作，如图4-29所示。

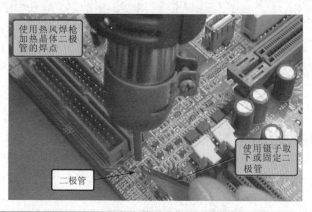

使用热风焊枪加热晶体二极管的焊点

使用镊子取下或固定二极管

二极管

图4-29　表面贴装二极管的拆卸和焊接方法

　　对于插接焊装的二极管，其引脚通常会穿过电路板，在电路板的另一面（背面）进行焊接固定，这种方式也是应用最广泛的一种安装方式，在对这类二极管进行代换时，通常使用普通电烙铁即可，如图4-30所示。

　　二极管的拆卸与焊装方法及注意事项与其他电子元器件基本相同。

## 4.3.2　二极管的代换

　　当二极管出现损坏的情况时，则应对其进行代换，由于二极管多采用分立式和贴片式安装在主电路板上，因此对其进行代换时，应根据其安装方式的不同，采用不同的拆卸和安装方法。

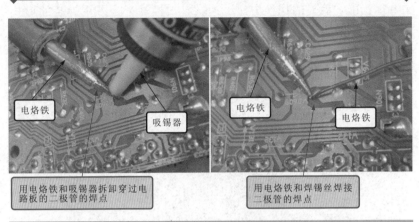

用电烙铁和吸锡器拆卸穿过电路板的二极管的焊点

用电烙铁和焊锡丝焊接二极管的焊点

图4-30　插接焊装二极管的拆卸和焊接方法

 **1. 分立式二极管的代换方法**

对于分立式的二极管，多采用电烙铁和吸锡器进行拆卸，焊接时则多使用电烙铁和焊锡丝进行焊接。分立式二极管的代换方法如图4-31所示。

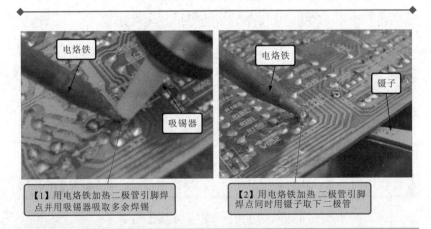

【1】用电烙铁加热二极管引脚焊点并用吸锡器吸取多余焊锡

【2】用电烙铁加热二极管引脚焊点同时用镊子取下二极管

图4-31　分立式二极管的代换方法

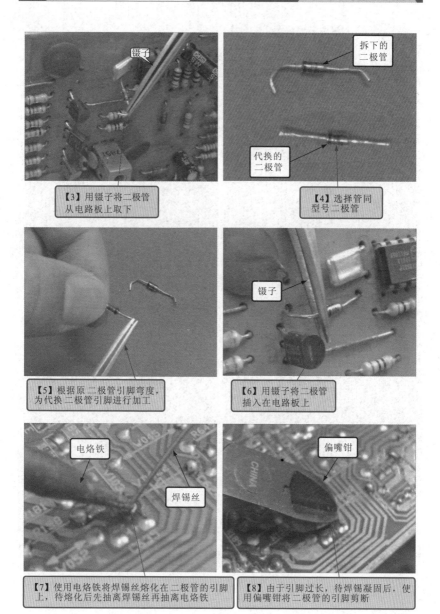

【3】用镊子将二极管从电路板上取下

【4】选择管同型号二极管

【5】根据原二极管引脚弯度，为代换二极管引脚进行加工

【6】用镊子将二极管插入在电路板上

【7】使用电烙铁将焊锡丝熔化在二极管的引脚上，待熔化后先抽离焊锡丝再抽离电烙铁

【8】由于引脚过长，待焊锡凝固后，使用偏嘴钳将二极管的引脚剪断

图4-31　分立式二极管的代换方法（续）

**2. 贴片式二极管的代换方法**

对于贴片式二极管，多采用热风焊枪、镊子和焊锡膏等进行拆卸和焊接。贴片式二极管的代换方法如图 4-32 所示。

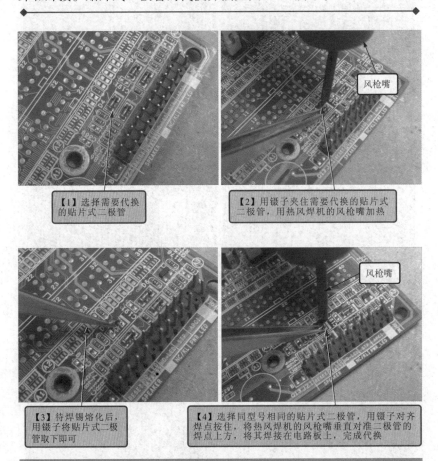

【1】选择需要代换的贴片式二极管

【2】用镊子夹住需要代换的贴片式二极管，用热风焊机的风枪嘴加热

风枪嘴

【3】待焊锡熔化后，用镊子将贴片式二极管取下即可

【4】选择同型号相同的贴片式二极管，用镊子对齐焊点按住，将热风焊机的风枪嘴垂直对准二极管的焊点上方，将其焊接在电路板上，完成代换

风枪嘴

图 4-32　贴片式二极管的代换方法

# 第5章
# 晶体管的应用与检测

## 5.1 晶体管的特点与功能应用

### 5.1.1 晶体管的种类特点

晶体管实际上是在一块半导体基片上制作两个距离很近的 PN 结。这两个 PN 结把整块半导体分成三部分，中间部分为基极（b），两侧部分为集电极（c）和发射极（e），排列方式有 NPN 型和 PNP 型两种，如图 5-1 所示。

晶体管的应用十分广泛，种类繁多，分类方式也多种多样。

**1. 按功率分类**

根据功率不同，晶体管可分为小功率晶体管、中功率晶体管和大功率晶体管。图 5-2 为三种不同功率晶体管的实物外形。

**要点说明**

小功率晶体管的功率一般小于 0.3W，中功率晶体管的功率一般在 0.3~1W 之间，大功率晶体管的功率一般在 1W 以上，通常需要安装在散热片上。

**2. 按工作频率分类**

根据工作频率不同，晶体管可分为低频晶体管和高频晶体管，如图 5-3 所示。

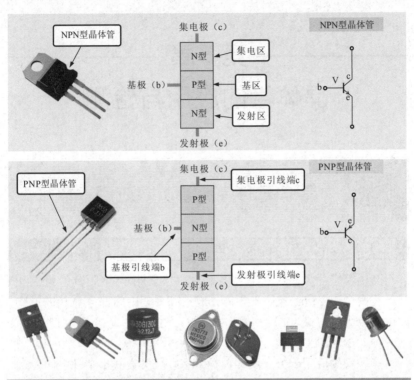

图 5-1　常见晶体管的实物外形及结构

图 5-2　三种不同功率晶体管的实物外形

图 5-3　不同工作频率晶体管的实物外形

### 要点说明

　　低频晶体管的特征频率小于 3MHz，多用于低频放大电路；高频晶体管的特征频率大于 3MHz，多用于高频放大电路、混频电路或高频振荡电路等。

 **3. 按封装方式分类**

　　根据封装形式不同，晶体管的外形结构和尺寸有很多种，从封装材料上来说，可分为金属封装型和塑料封装型两种。金属封装型晶体管主要有 B 型、C 型、D 型、E 型、F 型和 G 型；塑料封装型晶体管主要 S-1 型、S-2 型、S-4 型、S-5 型、S-6A 型、S-6B 型、S-7 型、S-8 型、F3-04 型和 F3-04B 型，如图 5-4 所示。

 **4. 按制作材料分类**

　　晶体管是由两个 PN 结构成的，根据 PN 结材料的不同可分为锗晶体管和硅晶体管，如图 5-5 所示。从外形上看，这两种晶体管并没有明显的区别。

### 要点说明

　　不论是锗晶体管还是硅晶体管，工作原理完全相同，都有 PNP 和 NPN 两种结构类型，都有高频管和低频管、大功率管和小功率管，但由于制造材料的不同，因此电气性能有一定的差异。

◇ 锗材料制作的 PN 结正向导通电压为 $0.2 \sim 0.3V$，硅材料制作的 PN 结正向导通电压为 $0.6 \sim 0.7V$，锗晶体管发射极与基极之间的起始工作电压低于硅晶体管。

◇ 锗晶体管比硅晶体管具有较低的饱和电压降。

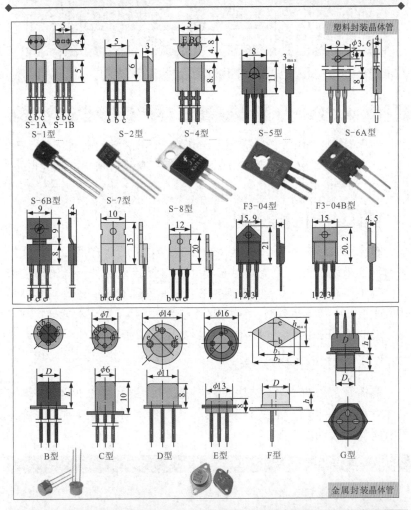

图 5-4　不同封装形式晶体管的实物外形

图 5-5　不同制作材料晶体管的实物外形

 **5. 按安装形式分类**

晶体管除上述几种类型外，还可根据安装形式的不同分为分立式晶体管和贴片式晶体管。此外，还有一些特殊的晶体管，如达林顿管是一种复合晶体管、光电晶体管是受光控制的晶体管，如图5-6所示。

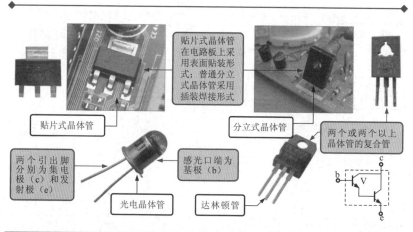

图 5-6　其他类型晶体管的实物外形

## 5.1.2 晶体管的功能应用

 **1. 电流放大功能**

晶体管是一种电流控制器件，晶体管必须接在相应的电路中加上电源偏压才能工作。其中集电极电流受基极电流的控制，集电极电流等于 $\beta I_b$，发射极电流 $I_e$ 等于集电极电流和基极电流之和；集电极电流与基极电流之比，即为晶体管的放大倍数 $\beta$。

晶体管最重要的功能就是具有电流放大作用，基极输入一个很小的电流就可控制集电极较大的电流，晶体管的电流放大功能如图5-7所示。

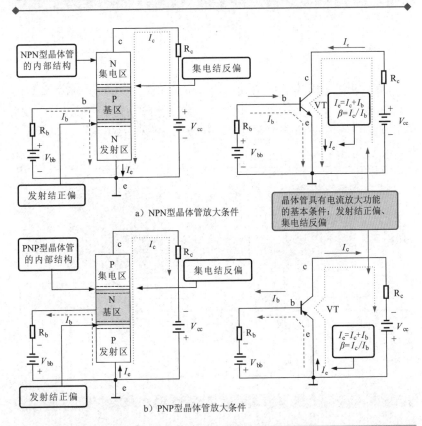

a）NPN型晶体管放大条件

b）PNP型晶体管放大条件

图5-7　晶体管的电流放大功能

相关资料

晶体管的放大作用我们可以理解为一个水闸，如图5-8所示。由水闸上方流下的水流可以将其理解为集电极（c）的电流 $I_c$，由水闸侧面流入的水流称为基极（b）电流 $I_b$。当 $I_b$ 有水流流过，冲击闸门，闸门便会开启，集电极便产生放大的电流，这样水闸侧面的水流（相当于电流 $I_b$）与水闸上方的水流（相当于电流 $I_c$）就汇集到一起流下（相当于发射极的电流 $I_e$）。

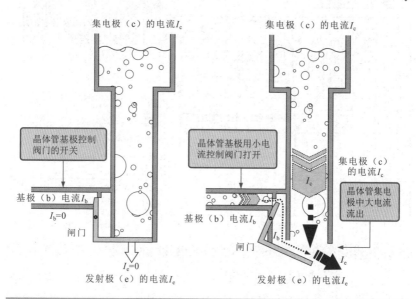

图5-8　晶体管的放大原理

从图中可以看到，水闸侧面流过很小的水流流量（相当于电流 $I_b$），就可以控制水闸上方（相当于电流 $I_c$）流下的大水流流量。这就相当于晶体管的放大作用，如果水闸侧面没有水流流过，就相当于基极电流 $I_b$ 被切断，那么水闸闸门关闭、上方和下方就都没有水流流过，相当于集电极（c）到发射极（e）的电流也被关断了。

　　晶体管实现放大功能的基本的条件是保证基极和发射极之间加正向电压（发射结正偏），基极与集电极之间加反向电压（集电结反偏）。也就是说，基极相对于发射极为正极性电压，基极相对于集电极则为负极性电压。

　　晶体管具有半导体工作特性，一般可用特性曲线来反映晶体管各极的电压与电流之间的关系曲线，晶体管特性曲线分为输入特性曲线和输出特性曲线，如图 5-9 所示。

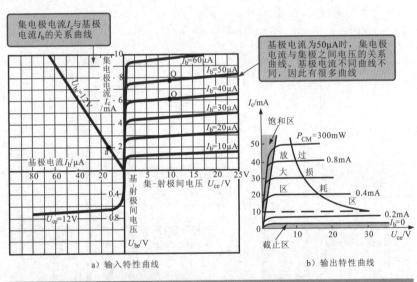

a）输入特性曲线　　　　　　　　　b）输出特性曲线

图 5-9　晶体管的特性曲线

　　1）输入特性曲线是指当集-射极之间的电压 $U_{ce}$ 为某一常数时，输入回路中的基极电流 $I_b$ 与加在基-射极间的电压 $U_{ce}$ 之间的关系曲线。

　　在放大区集电极电流与基极电流的关系如图 5-10 所示，当集电极与发射极之间电压为 12V 时，两者之间成线性放大的关系，如基极电流为 20μA 时，集电极电流则为 3mA，当基极电流为 40μA 时，集电极电流增加到 6mA（放大倍数为（6mA－3mA）/（40μA－20μA）=150）。

　　在晶体管内部，$U_{ce}$ 的主要作用是保证集电结反偏。当 $U_{ce}$ 很小，不能使集电结反偏时，这时晶体管完全等同于二极管。

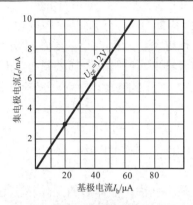

图5-10　集电极电流（$I_c$）与基极电流（$I_b$）的关系

当$U_{ce}$使集电结反偏后，集电结内电场就很强，能将扩散到基区的自由电子中的绝大部分拉入集电区。这样与$U_{ce}$很小（或不存在）相比，$I_b$增大了。因此，$U_{ce}$并不改变特性曲线的形状，只使曲线下移一段距离。

2）输出特性曲线是指当基极电流$I_b$为常数时，输出电路中集电极电流$I_c$与集-射极间的电压$U_{ce}$之间的关系曲线。集电极电流与$U_{ce}$的关系曲线如图5-11所示。当基极电流不变时，集电极电流随$U_{ce}$的变化很小，例如，当$I_b = 30\mu A$时，$U_{ce}$从5V变到10V时，$I_c$稍有增加。

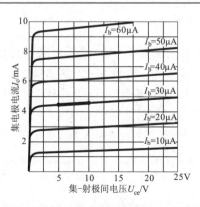

图5-11　集电极电流$I_c$与集-射极间电压$U_{ce}$的关系曲线

根据晶体管不同的工作状态，输出特性曲线分为 3 个工作区。

① 截止区。$I_b = 0$ 曲线以下的区域称为截止区。$I_b = 0$ 时 $I_c = I_{ceo}$，该电流称为穿透电流，其值极小，通常忽略不计。故认为此时 $I_c = 0$，晶体管无电流输出，说明晶体管已截止。对于 NPN 型硅晶体管，当 $U_{be} < 0.5V$，即在死区电压以下时，晶体管就已开始截止。为了可靠截止，常使 $U_{ce} < 0$。这样，发射结和集电结都处于反偏状态。此时的 $U_{ce}$ 近似等于集电极（c）电源电压 $U_c$，意味着集电极（c）与发射极（e）之间开路，相当于集电极（c）与发射极（e）之间的开关断开。

② 放大区。在放大区内，晶体管的工作特点是发射结正偏，集电结反偏；$I_c = \beta I_b$，集电极（c）电流与基极（b）电流成正比。因此，放大区又称为线性区。

③ 饱和区。特性曲线上升和弯曲部分的区域称为饱和区，即 $U_{ce} \doteq 0$，集电极与发射极之间的电压趋近零。$I_b$ 对 $I_c$ 的控制作用已达最大值，晶体管的放大作用消失，晶体管的这种工作状态称为临界饱和。若 $U_{ce} < U_{be}$，则发射结和集电结都处在正偏状态，这时的晶体管为过饱和状态。

在过饱和状态下，因为 $U_{be}$ 本身小于 1V，而 $U_{ce}$ 比 $U_{be}$ 更小，于是可以认为 $U_{ce}$ 近似为零。这样集电极（c）与发射极（e）短路，相当于 c 与 e 之间的开关接通。

 **2. 开关功能**

晶体管的集电极电流在一定的范围内随基极电流呈线性变化，这就是放大特性，但当基极电流超过此范围时，晶体管集电极电流会达到饱和值（导通），而低于此范围晶体管会进入截止状态（断路），这种导通或截止的特性，在电路中还可起到开关的作用。

图 5-12 所示为晶体管在电路中起开关功能的电路图。

相关资料

基极与发射极之间的 PN 结称为发射结，基区与集电极之间的

PN 结称为集电结。当 PN 结两边外加正向电压，即 P 区接外电源正极，N 区接外电源负极，这种接法又称正向偏置，简称正偏。当 PN 结两边外加反向电压，即 P 区接外电源负极，N 区接外电源正极，这种接法又称反向偏置，简称反偏。

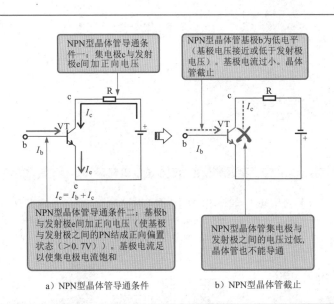

a）NPN型晶体管导通条件　　　　　　b）NPN型晶体管截止

图5-12　晶体管的开关功能

## 5.2　晶体管的检测

### 5.2.1　晶体管引脚极性的识别

晶体管有三个电极，分别是基极（b）、集电极（c）和发射极（e）。晶体管的引脚排列位置根据品种、型号及功能的不同而不同，识别晶体管的引脚极性在测试、安装、调试等各个应用场合都十分重要。

图5-13 为根据型号标识查阅引脚功能识别晶体管引脚的方法。

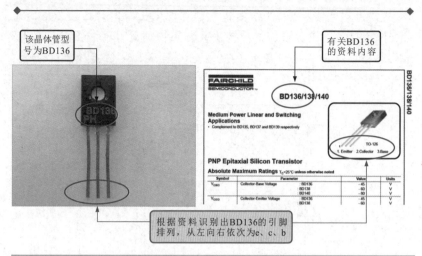

图5-13　根据型号标识查阅引脚功能识别晶体管引脚的方法

图5-14为根据一般规律识别塑料封装晶体管引脚的方法。

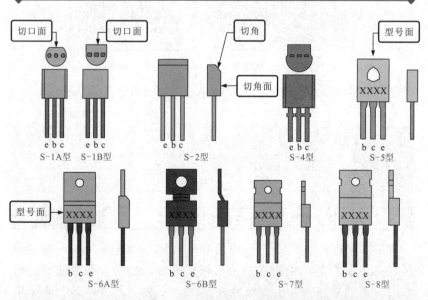

图5-14　根据一般规律识别塑料封装晶体管引脚的方法

相关资料

S-1（S-1A、S-1B）型晶体管都有半圆形底面，识别时，将引脚朝下，切口面朝自己，此时晶体管的引脚从左向右依次为 e、b、c。S-2 型为顶面有切角的块状外形，识别时，将引脚朝下，切角朝向自己，此时晶体管的引脚从左向右依次为 e、b、c。S-4 型引脚识别较特殊，识别时，将引脚朝上，圆面朝向自己，此时晶体管的引脚从左向右依次为 e、b、c。S-5 型晶体管的中间有一个三角形孔，识别时，将引脚朝下，印有型号的一面朝自己，此时从左向右依次为 b、c、e。S-6A 型、S-6B 型、S-7 型、S-8 型一般都有散热面，识别时，将引脚朝下，印有型号的一面朝向自己，此时从左向右依次为 b、c、e。

图 5-15 为根据一般规律识别金属封装晶体管引脚的方法。

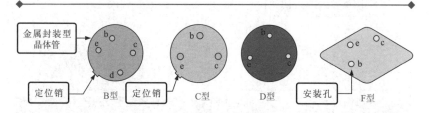

图 5-15　根据一般规律识别金属封装晶体管引脚的方法

B 型晶体管外壳上有一个突出的定位销，将引脚朝上，从定位销开始顺时针依次为 e、b、c、d。其中，d 脚为外壳的引脚。

C 型、D 型晶体管的三只引脚呈等腰三角形，将引脚朝上，三角形底边的两引脚分别为 e、c，顶部为 b。F 型晶体管只有两只引脚，将引脚朝上，按图中方式放置，上面的引脚为 e 极，下面的引脚为 b 极，管壳为集电极。

## 5.2.2　NPN 型晶体管引脚的检测判别

判别 NPN 型晶体管各引脚极性时，可以使用万用表对各引脚间的阻值进行检测，如图 5-16 所示。首先假设 NPN 型晶体管的一个引脚（中间引脚）为基极，将红表笔搭在假设的基极引脚上，黑表笔分别搭接晶体管另外两个引脚。

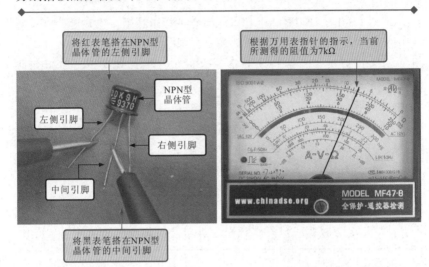

将红表笔搭在NPN型晶体管的左侧引脚

NPN型晶体管

左侧引脚

右侧引脚

中间引脚

将黑表笔搭在NPN型晶体管的中间引脚

根据万用表指针的指示，当前所测得的阻值为7kΩ

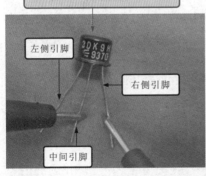

黑表笔保持不动，仍搭在NPN型晶体管的中间引脚，将红表笔搭在NPN型晶体管的右侧引脚

左侧引脚

右侧引脚

中间引脚

根据万用表指针的指示，当前所测得结合档位设置观察指针指向8kΩ

图 5-16　判断基极引脚

扫一扫看视频

通过以上检测，若能够测到一定的阻抗，那么先前的假设成立，说明红表笔所搭的引脚为基极。

接下来，则需要对 NPN 型晶体管的集电极和发射极引脚进行判别。判断集电极和发射极引脚的方法如图 5-17 所示。将黑表笔搭在晶体管右侧引脚上，红表笔搭在晶体管左侧引脚上，用手接触基极引脚和黑表笔所接引脚，万用表指针出现摆动，摆动量计为 R1；然后，将黑表笔搭在晶体管左侧引脚上，红表笔搭在晶体管右侧引脚上，用手接触基极引脚和黑表笔所接引脚，万用表指针出现摆动，摆动量计为 R2。

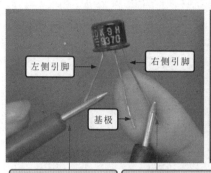

将红表笔搭在NPN型晶体管的左侧引脚

将黑表笔搭在NPN型晶体管的右侧引脚

根据万用表指针的指示，发现指针由无穷大向右有一个摆动量，记为R1

将红表笔搭在NPN型晶体管的左侧引脚

将黑表笔搭在NPN型晶体管的右侧引脚

根据万用表指针的指示，发现指针由无穷大向右有一个摆动量，记为R2

图 5-17　判断集电极和发射极引脚

　NPN 型晶体管的发射极相对于集电极的阻抗变化量较大，根据两次测结果可知，R1 < R2，那么检测 R2 时，黑表笔所接引脚为集电极，另一个引脚为发射极。

**相关资料**

　　在判别集电极和发射极引脚极性时，用手接触 NPN 型晶体管的基极引脚和一侧引脚时，相当于给基极加了一电阻，便有微小电流通过手指流入基极，使 NPN 型晶体管左侧引脚与右侧引脚间的阻抗发生变化。图 5-18 所示为检测晶体管 c-e 间的阻抗。

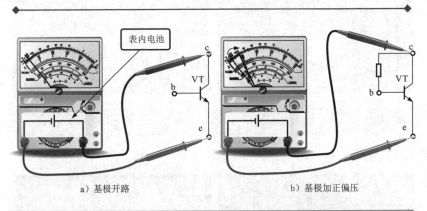

a）基极开路　　　　　　　　　b）基极加正偏压

图 5-18　检测晶体管 c-e 间的阻抗

　　检测晶体管 c-e 之间阻抗时，表笔搭到晶体管引脚上，由于万用表内由电池供电，相当于给晶体管 c-e 之间加上直流偏压，当基极开路时 c-e 之间阻抗接近无穷大。当给基极加上正偏压时（经手指的电阻），晶体管 c-e 之间的阻抗会降低，万用表指针会向右偏摆，摆幅越大表明放大倍数越大。如果调换表笔则供电极性反转，指针摆幅变小。

### 5.2.3　PNP 型晶体管引脚的检测判别

　　判别 PNP 型晶体管各引脚极性时，具体判别方法与 NPN 型晶体管的判别方法类似。判断基极引脚的方法如图 5-19 所示。首先假设 PNP 型晶体管的中间引脚为基极端，将红表笔搭在假设的基极引脚上，黑表笔分别搭接晶体管另外两个引脚。

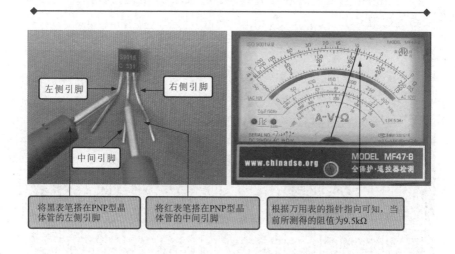

左侧引脚

右侧引脚

中间引脚

将黑表笔搭在PNP型晶体管的左侧引脚

将红表笔搭在PNP型晶体管的中间引脚

根据万用表的指针指向可知，当前所测得的阻值为9.5kΩ

红表笔保持不动，仍搭在PNP型晶体管的中间引脚

将黑表笔搭在PNP型晶体管的左侧引脚

根据万用表的指针指向可知，当前所测得的阻值为9kΩ

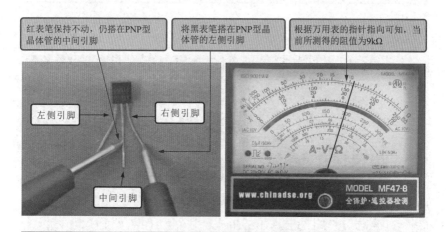

左侧引脚

右侧引脚

中间引脚

图 5-19　判断基极引脚

通过以上检测，若都能够测到一定的阻值，那么先前的假设成立，说明红表笔所搭的引脚为基极。

接下来，则需要对 PNP 型晶体管的集电极和发射极引脚进行判别。判断集电极和发射极引脚的方法如图 5-20 所示。将红表笔搭在PNP 型晶体管的右侧引脚上，黑表笔搭在 PNP 型晶体管的左侧引脚上，用手接触基极引脚和红表笔所接引脚，万用表指针出现摆动，摆动量记为 R1。

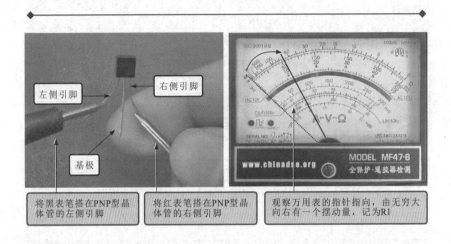

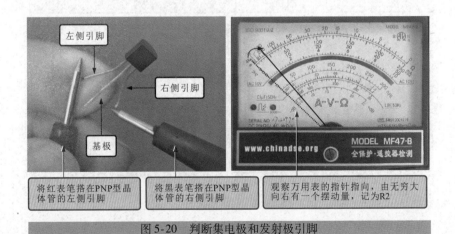

图 5-20　判断集电极和发射极引脚

然后，对换万用表的黑、红表笔，并用手接触基极引脚和红表笔所接引脚，万用表指针出现摆动，摆动量记为 R2。

PNP 型晶体管的发射极相对于集电极的阻抗变化量较大，根据两次测结果可知，R1 > R2，那么检测 R1 时，红表笔所接引脚为集电极，另一个引脚为发射极。

## 5.2.4 晶体管的性能检测

晶体管的放大能力是其最基本的性能之一，万用表设有晶体管检测插孔，专门用于测量晶体管的放大倍数。

下面，以 PNP 型晶体管为例，介绍晶体管放大能力的检测。确定待测 PNP 型晶体管的引脚极性并调整万用表的量程。如图 5-21 所示，首先确定待测 PNP 型晶体管的引脚名称，并将万用表的量程调整至"hFE"档（即晶体管放大倍数档）。

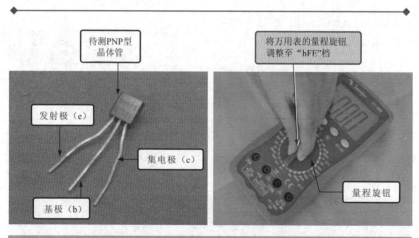

图 5-21 确定待测 PNP 型晶体管的引脚极性并调整万用表的量程

接下来，借助数字万用表的附加测试器对晶体管的放大能力进行检测，如图 5-22 所示。将待测 PNP 型晶体管插入附加测试器的晶体管检测插孔中，并根据数字万用表上的指数字显示，可以读出当前被测 PNP 型晶体管的放大倍数为 212。

扫一扫看视频

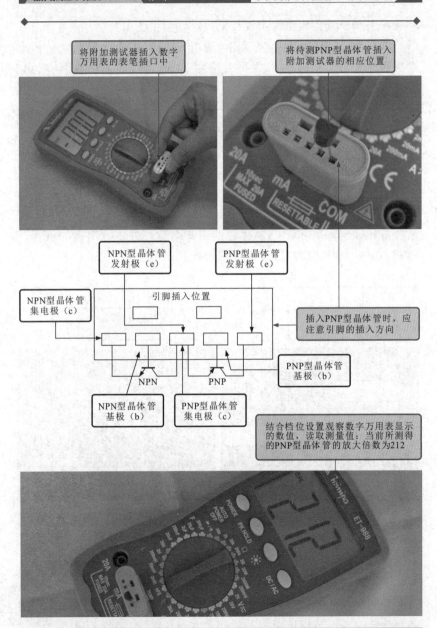

将附加测试器插入数字万用表的表笔插口中

将待测PNP型晶体管插入附加测试器的相应位置

NPN型晶体管发射极（e）

PNP型晶体管发射极（e）

NPN型晶体管集电极（c）

引脚插入位置

插入PNP型晶体管时，应注意引脚的插入方向

PNP型晶体管基极（b）

NPN

PNP

NPN型晶体管基极（b）

PNP型晶体管集电极（c）

结合档位设置观察数字万用表显示的数值，读取测量值：当前所测得的PNP型晶体管的放大倍数为212

图5-22 借助数字万用表的附加测试器检测PNP型晶体管的放大倍数

# 5.3　晶体管的选用代换

## 5.3.1　晶体管的选用

晶体管的代换原则就是指在代换之前，要保证代换晶体管规格符合产品要求，在代换过程中，注意代换方法，尽量采用最稳妥的代换方式，确保拆装过程安全稳妥，不可造成二次故障，力求代换后的晶体管能够良好、长久、稳定的工作。

 **1. 晶体管的规格**

晶体管的规格主要是指晶体管的类型、制作材料和性能参数。在对晶体管进行代换时，应尽量使用与待更换晶体管类型相同、制作材料和性能参数也一致的性能良好晶体管。

在对晶体管进行代换时，要根据其类型进行代换，尽量选择类型相同的晶体管进行代换，NPN型和PNP型晶体管不能交替代换；硅管和锗管之间也不能互相代换。具体还应注意，以下几点：

1）晶体管的代换应注意功率、耐压和频率特性，所代换的晶体管应满足这三项指标。此外，还可根据电子产品的性能要求，选择代换晶体管的参数。较大功率的晶体管可取代较小功率的，耐压高的晶体管可取代耐压低的，截止频率高的晶体管可取代截止频率低的。

2）晶体管的放大倍数应与原晶体管相近或根据整机电路的特点选择，在放大器中的晶体管，如果代换的晶体管放大倍数过小，则放大器增益不足，而代换晶体管放大倍数过大，则有可能引起振荡。

3）在互补对称推挽电路中的晶体管或是差动放大器中的晶体管，则要求两只互补晶体管性能一致。

4）必须保证晶体管的类型相同，主要有以下三点：

① 材料相同，即硅管代换硅管，锗管代换锗管。

② 极性相同，即NPN型代换NPN型。

③ 种类相同，即一般晶体管代换一般晶体管，专用晶体管代换

专用晶体管。

5）特性相近。代换管的主要参数应与原管的参数相近，一般用途的晶体管，只要以下主要参数相近即可代换，对于特殊用途的晶体管，还要考虑相应的其他参数。

6）外形相似。小功率管外形均相似，只要明确了各个电极的名称，即可代换。大功率晶体管外形差异较大，最好选择与原封装相同的管子，以满足和接近原来的散热条件。

由于晶体管的种类多样，不同类型的晶体管其制作材料和性能参数也各不相同。因此，若对晶体管进行代换之前，首先要识读待更换晶体管的类型、制作工艺和具体性能参数，确保代换规格的统一。

 **2. 注意事项**

由于晶体管的形态各异，安装方式也不相同，因此在对晶体管进行代换时一定要注意方法。要根据电路特点以及晶体管自身特性来选择正确、稳妥的代换方法。通常，晶体管都是采用焊装的形式固定在电路板上，从焊装的形式上看，主要可以分为表面贴装和插接焊装两种。

对于表面贴装的晶体管，其体积普遍较小，如图5-23所示。这类晶体管常用在电路板上元器件密集的数码电路中。在拆卸和焊接时，最好使用热风焊枪，通常使用镊子来实现对晶体管的抓取、固定或挪动等操作。

对于插接焊装的晶体管，其引脚通常会穿过电路板，在电路板的另一面（背面）进行焊接固定，这种方式也是应用最广的一种安装方式，在对这类晶体管进行代换时，通常使用普通电烙铁即可，如图5-24所示。

 **3. 安全拆装**

在对晶体管进行代换操作中，不仅要确保人身的安全，同时也要保证设备（或电路）不要因拆装元器件而造成二次损坏，因此，安全拆卸和安全焊装是非常重要的。

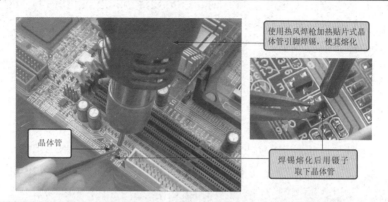

图 5-23　表面贴装晶体管的拆卸和焊接方法

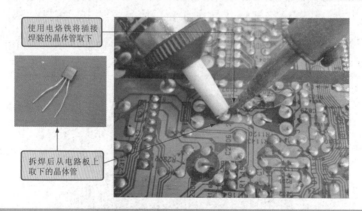

图 5-24　插接焊装晶体管的焊接方法

（1）安全拆卸

在进行拆卸之前，应首先对操作环境进行检查，确保操作环境的干燥、整洁，确保操作平台稳固、平整，确保待检修电路板（或设备）处于断电、冷却状态。

在进行操作前，操作者应对操作者自身进行放电，以免静电击穿电路板上的晶体管或其他的元器件，放电后即可使用拆焊工具对电路板上的晶体管进行拆焊操作。

拆卸时，应确认晶体管引脚处的焊锡彻底清除，才能小心地将晶体管从电路板中取下。取下时，一定要谨慎，若在引脚焊点处还有焊锡粘连的现象，应再用电烙铁、吸烙器及时进行清除，直至待更换晶体管稳妥取下，切不可硬拔。

　　拆下后，用酒精对焊孔进行清洁，若电路板上有氧化或未去除的焊锡，可用砂纸等进行打磨去除氧化层，为更换安装新的晶体管做好准备。

　　（2）安全焊装

　　在对晶体管进行焊装时，要保证焊点整齐、漂亮，不能有连焊、虚焊等现象，以免造成元器件的损坏。在电烙铁加热后，可以在电烙铁上蘸一些助焊剂（如松香）再进行焊接，使焊点不容易氧化。

　　有些晶体管的功率较大，一般安装有散热片，并将散热片与晶体管用螺钉固定，如图5-25所示。因此，在对该类晶体管进行拆卸和焊接时，应首先将螺钉从散热片和晶体管上拧下，再进行拆卸和焊接操作。焊接时应注意在散热片和晶体管之间涂抹适量的导热硅胶，或安装云母绝缘垫。

图 5-25　拆卸固定螺钉

## 5.3.2　晶体管的代换

　　当晶体管出现损坏的情况时，则应对其进行代换，由于晶体管多采用分立式和贴片式安装在主电路板上，因此对其进行代换时，应根据其安装方式的不同，采用不同的拆卸和安装方法。

 **1. 分立式晶体管的代换方法**

对于分立式的晶体管进行代换时，多采用电烙铁和吸锡器进行拆卸，如图5-26所示，拆卸时可以借助镊子将晶体管取下。

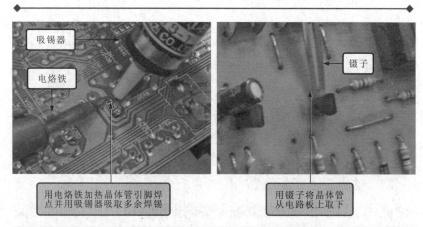

吸锡器

电烙铁

镊子

用电烙铁加热晶体管引脚焊
点并用吸锡器吸取多余焊锡

用镊子将晶体管
从电路板上取下

图5-26　拆卸分立式晶体管的方法

在代换分立式晶体管时，应选择同型号的，在焊接时则多使用电烙铁和焊锡丝进行焊接，如图5-27所示。

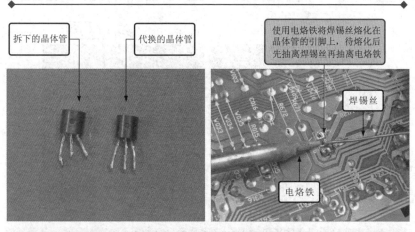

拆下的晶体管

代换的晶体管

使用电烙铁将焊锡丝熔化在
晶体管的引脚上，待熔化后
先抽离焊锡丝再抽离电烙铁

焊锡丝

电烙铁

图5-27　分立式晶体管的焊接方法

**2. 贴片式晶体管的代换方法**

对于贴片式安装的晶体管，通常使用热风焊枪、镊子进行拆卸，如图 5-28 所示。将热风焊枪的风枪嘴对准需要拆卸晶体管的引脚，然后使用镊子将晶体管取下。

图 5-28　贴片式晶体管的拆卸方法

代换晶体管时，需要使用同型号的晶体管进行代换，使用镊子将新的晶体管安装在电路板中，并使用热风焊枪对晶体管进行焊接，如图 5-29 所示。

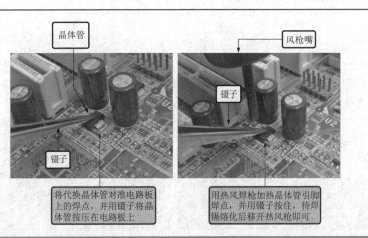

图 5-29　贴片式晶体管的代换方法

# 第 6 章

# 场效应晶体管的应用与检测

## 6.1　场效应晶体管的特点与功能应用

### 6.1.1　场效应晶体管的种类特点

　　场效应晶体管是一种典型的电压控制型半导体器件，它有三只引脚，分别为漏极（D）、源极（S）、栅极（G），分别对应晶体管的集电极（c）、发射极（e）、基极（b）。由于场效应晶体管的源极 S 和漏极 D 在结构上是对称的，因此在实际使用过程中有一些可以互换。

　　根据结构的不同，场效应晶体管可分为两大类：结型场效应晶体管（JFET）和绝缘栅型场效应晶体管（MOSFET），如图 6-1 所示。

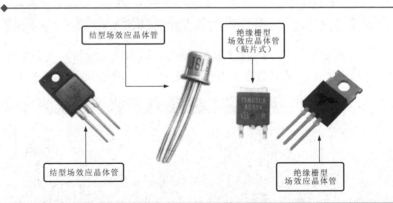

结型场效应晶体管

绝缘栅型场效应晶体管（贴片式）

结型场效应晶体管

绝缘栅型场效应晶体管

图 6-1　场效应晶体管的实物外形

**1. 结型场效应晶体管**

结型场效应晶体管（JFET）是在一块 N 型（或 P 型）半导体材料两边制作 P 型（或 N 型）区，从而形成 PN 结构成的。结型场效应晶体管利用沟道两边的耗尽层宽窄，来改变沟道的导电特性，从而控制漏极电流。因此，结型场效应晶体管按导电沟道可分为 N 沟道和 P 沟道两种。图 6-2 所示为结型场效应晶体管的实物外形及内部结构。

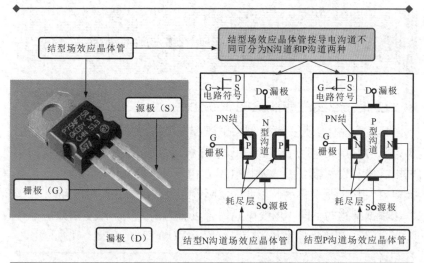

图 6-2　结型场效应晶体管的实物外形及内部结构

结型场效应晶体管一般应用于音频放大器的差分输入电路以及各种调制、放大、阻抗变换、稳流、限流、自动保护等电路中。

**要点说明**

图 6-3 所示为结型场效应晶体管实现放大功能的基本工作原理。当 G、S 间不加反向电压时（即 $U_{GS}=0$），PN 结（图中阴影部分）的宽度窄，导电沟道宽，沟道电阻小，$I_D$ 电流大；当 G、S 间加负电压时，PN 结的宽度增加，导电沟道宽度减小，沟道电阻增大，$I_D$ 电流变小；当 G、S 间负向电压进一步增加时，PN 结宽

度进一步加宽，两边 PN 结合拢（称夹断），没有导电沟道，即沟道电阻很大，电流 $I_D$ 为 0。

我们把导电沟道刚被夹断的 $U_{GS}$ 值称为夹断电压，用 $U_P$ 表示。可见结型场效应晶体管在某种意义上是一个用电压控制的可变电阻。

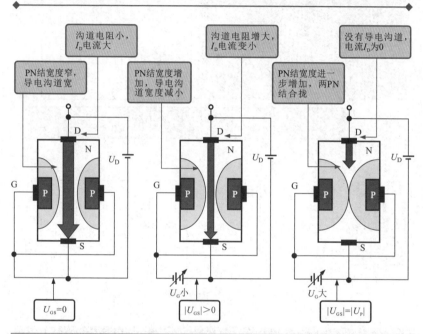

图 6-3　结型场效应晶体管实现放大功能的基本工作原理

 **2. 绝缘栅型场效应晶体管**

绝缘栅型场效应晶体管（MOSFET）由金属、氧化物、半导体材料制成，通常称为 MOS 场效应晶体管。绝缘栅型场效应晶体管是利用感应电荷的多少，改变沟道导电特性来控制漏极电流的。图 6-4 所示为绝缘栅型场效应晶体管的实物外形及内部结构。绝缘栅型场效应晶体管按其工作方式的不同可分为耗尽型和增强型，同时又都有 N 沟道及 P 沟道两种。

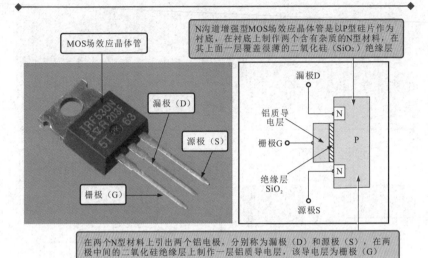

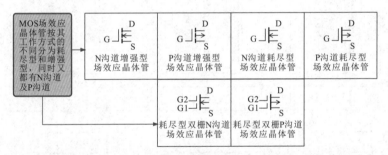

MOS场效应
晶体管按其
工作方式的
不同分为耗
尽型和增强
型，同时又
都有N沟道
及P沟道

图6-4　绝缘栅型场效应晶体管的实物外形及内部结构

　　绝缘栅型场效应晶体管一般应用于音频功率放大，开关电源、逆变器、电源转换器、镇流器、充电器、电动机驱动、继电器驱动等电路中。

**相关资料**

电磁炉中的 IGBT 是不是场效应晶体管呢？

绝缘栅双极型晶体管（Insulated Gate Bipolar Transistor，IGBT）

是一种高压、高速的大功率半导体器件，如图 6-5 所示。从图中可了解到 IGBT 的外形、电路符号及等效电路。

　　IGBT 并不是场效应晶体管，实际上它是由晶体管和场效应晶体管复合构成的。

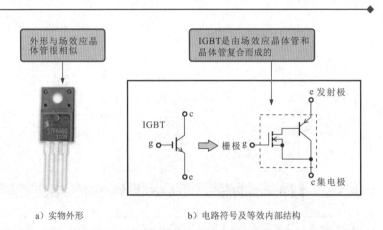

a）实物外形　　　　　　　　b）电路符号及等效内部结构

图 6-5　IGBT 的外形、电路符号及等效电路

## 6.1.2　场效应晶体管的功能应用

　　场效应晶体管（Field- Effect Transistor，FET），是一种具有 PN 结结构的半导体器件，具有输入阻抗高、噪声小、热稳定性好、便于集成等特点，但容易被静电击穿。

 **1. 场效应晶体管的放大功能**

　　场效应晶体管的功能与晶体管相似，可用来制作信号放大器、振荡器和调制器等。由场效应晶体管组成的放大器基本结构有三种，即共源极（S）放大器、共栅极（G）放大器和共漏极（D）放大器，如图 6-6 所示。

　　场效应晶体管是一种电压控制器件，栅极（G）不需要控制电流，只要有一个控制电压就可以控制漏极（D）和源极（S）之间的电流。

　　场效应晶体管具有输入阻抗高和噪声低的特点，因此，由其构成的放大电路常应用于小信号高频放大器中，例如收音机的高频放大器、电视机的高频放大器等。图6-7所示是一种简单的收音机电路，该电路中的场效应晶体管用来对天线接收的信号进行高频放大。

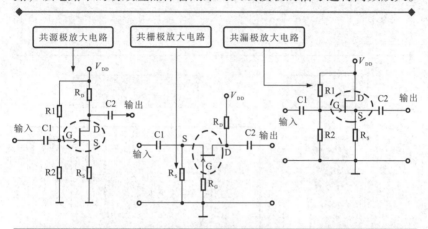

图6-6　由场效应晶体管构成的三种放大器的基本结构

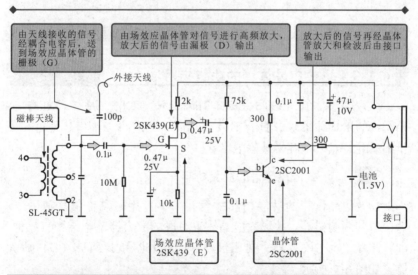

图6-7　场效应晶体管在收音机电路中的放大功能

 **2. 场效应晶体管的特性曲线**

不同类型的场效应晶体管工作原理也有所差异，但基本特性曲线是相似的，如图 6-8 所示。场效应晶体管有两个基本特性曲线，即转移特性曲线和输出特性曲线。

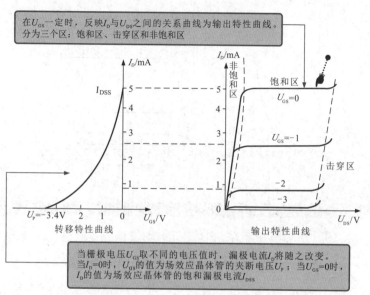

a）N沟道结型场效应晶体管的特性曲线

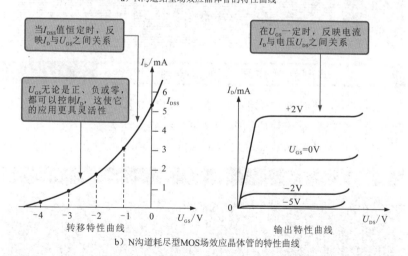

b）N沟道耗尽型MOS场效应晶体管的特性曲线

图 6-8　场效应晶体管的两个基本特性曲线

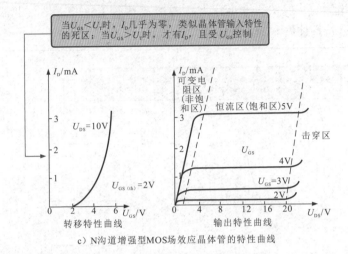

c）N沟道增强型MOS场效应晶体管的特性曲线

图6-8　场效应晶体管的两个基本特性曲线（续）

场效应晶体管起放大作用时，应工作在饱和区，这一点与前面讲的晶体管不同。此处的"饱和区"对应晶体管的"放大区"。

## 6.2　场效应晶体管的检测

### 6.2.1　结型场效应晶体管的检测

场效应晶体管的放大能力是最基本的性能之一，一般可使用指针万用表粗略测量场效应晶体管是否具有放大能力。

图6-9为结型场效应晶体管放大能力的检测方法。

▶ 要点说明

　在正常情况下，万用表指针摆动的幅度越大，表明结型场效应晶体管的放大能力越好；反之，表明放大能力越差。若螺钉旋具接触栅极（G）时指针不摆动，则表明结型场效应晶体管已失去放大能力。

　测量一次后再次测量，指针可能不动，这是正常现象，可能

是因为在第一次测量时，G、S 之间的结电容积累了电荷。为能够
使万用表的指针再次摆动，可在测量后短接一下 G、S。

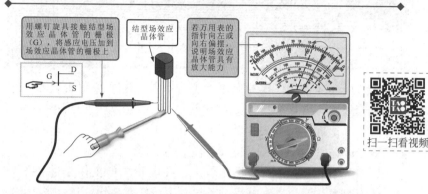

图 6-9　结型场效应晶体管放大能力的检测方法

## 6.2.2　绝缘栅型场效应晶体管的检测

绝缘栅型场效应晶体管放大能力的检测方法与结型场效应晶体
管放大能力的检测方法相同。需要注意的是，为避免人体感应电压
过高或人体静电使绝缘栅型场效应晶体管击穿，检测时尽量不要用
手触碰绝缘栅型场效应晶体管的引脚，可借助螺钉旋具碰触栅极引
脚完成检测，如图 6-10 所示。

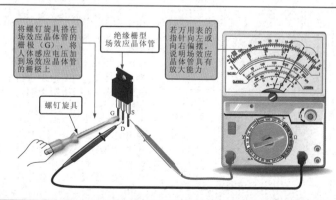

图 6-10　绝缘栅型场效应晶体管放大能力的检测方法

# 6.3　　场效应晶体管的选用代换

## 6.3.1　场效应晶体管的选用

场效应晶体管的代换原则就是指在代换之前，要保证代换场效应晶体管规格符合产品要求。在代换过程中，尽量采用最稳妥的代换方式，确保拆装过程安全稳妥，不可造成二次故障，力求代换后的场效应晶体管能够良好、长久、稳定的工作。具体原则如下：

1）场效应晶体管的种类比较多，在电路中的工作条件各不相同，代换时要注意类别和型号的差异，不可任意替代。

2）场效应晶体管在保存和检测时应注意防静电，以免击穿。

3）代换时应注意场效应晶体管的电路符号与类型，这对判别场效应晶体管的特点十分重要。

场效应晶体管的种类和型号较多，不同种类的场效应晶体管的参数也不一样，因此电路中的场效应晶体管出现损坏时，最好选用同型号的场效应晶体管进行代换，此外还需了解不同种类场效应晶体管的适用电路和选用注意事项，见表6-1。

表6-1　场效应晶体管适用电路和选用注意事项

| 类型 | 适用电路 | 选用注意事项 |
|---|---|---|
| 结型场效应晶体管 | 音频放大器的差分输入电路及调制、放大、阻抗变换、稳压、限流、自动保护等电路 | ● 选用场效应晶体管时应重点考虑其主要参数符合电路需求<br>● 对于大功率场效应晶体管选用时应注意其最大耗散功率应达到放大器输出功率的 $0.5 \sim 1$ 倍；漏源击穿电压应为功放工作电压的 2 倍以上 |
| MOS 场效应晶体管 | 音频功率放大、开关电源、逆变器、电源转换器、镇流器、充电器、电动机驱动、继电器驱动等电路 | ● 场效应晶体管的高度、尺寸应符合电路需求<br>● 结型场效应晶体管的源极和漏极可以互换 |
| 双栅型场效应晶体管 | 彩色电视机的高频调谐器电路、半导体收音机的变频器等高频电路 | ● 对于音频功率放大器推挽输出电路使用 MOS 大功率场效应晶体管时，要求两管的各项参数要配对 |

## 6.3.2 场效应晶体管的代换

场效应晶体管一般采用表面贴装和插接焊装两种方式焊接在电路板上，因此在对其进行代换时，应根据其安装方式的不同，采用不同的拆焊和焊接方法。

 **1. 插接焊装的场效应晶体管代换方法**

对插接焊装的场效应晶体管进行代换时，应采用电烙铁、吸锡器和焊锡丝进行拆焊和安装操作，如图6-11所示。

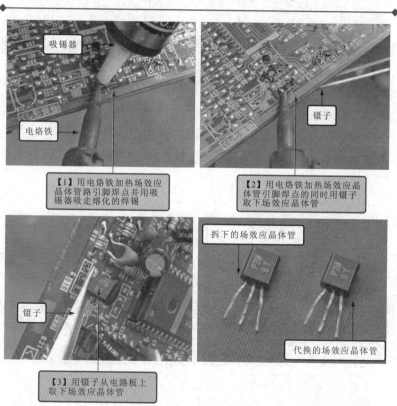

图6-11　插接焊装的场效应晶体管代换方法

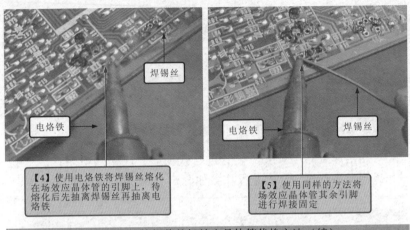

【4】使用电烙铁将焊锡丝熔化在场效应晶体管的引脚上，待熔化后先抽离焊锡丝再抽离电烙铁

【5】使用同样的方法将场效应晶体管其余引脚进行焊接固定

图6-11　插接焊装的场效应晶体管代换方法（续）

 **2. 表面贴装的场效应晶体管代换方法**

对于表面贴装的场效应晶体管，则需使用热风焊枪、镊子等进行拆焊和焊装。将热风焊枪的温度调节旋钮调至4～5档，将风速调节旋钮调至2～3档，打开电源开关进行预热，然后再进行拆焊和焊装的操作，如图6-12所示。

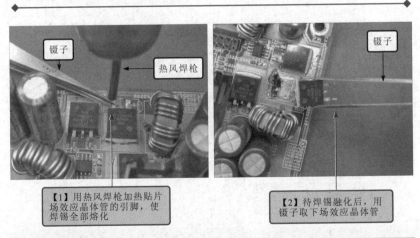

【1】用热风焊枪加热贴片场效应晶体管的引脚，使焊锡全部熔化

【2】待焊锡融化后，用镊子取下场效应晶体管

图6-12　表面贴装场效应晶体管的拆焊和安装方法

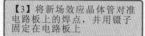

【3】将新场效应晶体管对准电路板上的焊点，并用镊子固定在电路板上

【4】用热风焊枪加热场效应晶体管引脚焊点，并用镊子按住，待焊锡熔化后移开热风枪即可

图6-12　表面贴装场效应晶体管的拆焊和安装方法（续）

# 第 7 章

# 晶闸管的应用与检测

## 7.1 晶闸管的特点与功能应用

### 7.1.1 晶闸管的种类特点

晶闸管是晶体闸流管的简称，它是一种可控整流器件，俗称可控硅，用字符"VS"表示。晶闸管可通过很小的电流来控制"大闸门"，因此，常作为电动机驱动控制、电动机调速控制、电流通断、调压、控温等的控制器件，广泛应用于电子电器产品、工业控制及自动化生产领域。

晶闸管是由 P 型和 N 型半导体交替叠合成 P-N-P-N 四层而构成的，图 7-1 所示为几种典型晶闸管的实物外形以及电路符号。其三个引出电极分别是阳极（用 A 表示）、阴极（用 K 表示）和门极（用 G 表示，又称栅极）。

**1. 单向晶闸管**

单向晶闸管（SCR）是 P-N-P-N 共 4 层 3 个 PN 结组成的，广泛应用于可控整流、交流调压、逆变器和开关电源电路中。单向晶闸管阳极 A 与阴极 K 之间加有正向电压，同时门极 G 与阴极间加上所需的正向触发电压时，方可被触发导通。图 7-2 所示为单向晶闸管的实物外形。

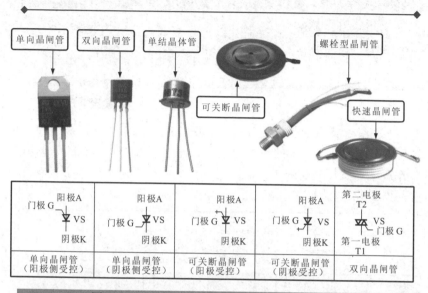

图 7-1　几种典型晶闸管的实物外形以及电路符号

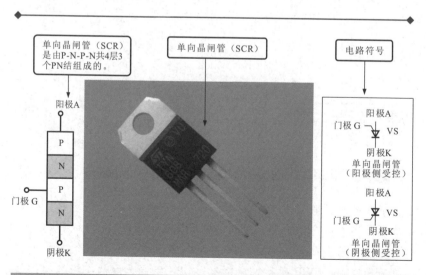

图 7-2　单向晶闸管的实物外形

**要点说明**

　　单向晶闸管导通的条件是：阳极 A 与阴极 K 之间加有正向电压，同时门极 G 接收到正向触发信号。

**相关资料**

　　单向晶闸管导通后内阻很小，管压降很低，即使其门极的触发信号消失，晶闸管仍将维持导通状态；只有当触发信号消失，同时阳极 A 与阴极 K 之间的正向电压消失或反向时，晶闸管才会阻断截止。其工作原理如图7-3 所示。

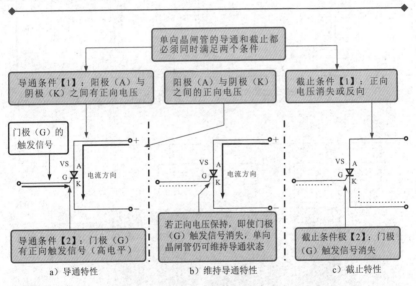

图 7-3　单向晶闸管的导通与截止阻断原理

　　单向晶闸管能够维持导通的特征，要从其内部结构说起，在介绍单向晶闸管概念时提到，单向晶闸管是由 P-N-P-N 共 4 层 3 个 PN 结组成的，结合前面所示的晶体管的内部结构，可以将单向晶闸管等效地看成一个 PNP 型晶体管和一个 NPN 型晶体管的交错结构，如图 7-4 所示。

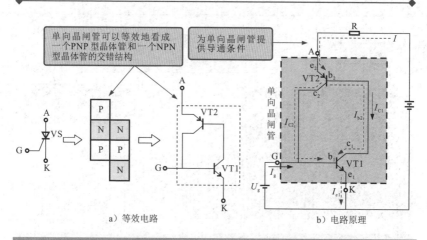

图 7-4　单向晶闸管（阴极侧受控）的等效结构及电路

当给单向晶闸管 AK 之间加正向电压时，晶体管 VT1 和 VT2 都承受正向电压，两晶体管都无基极电流而截止，则 AK 间截止。如果这时在门极（G）加上较小的正向控制电压 $U_g$（触发信号），则有控制电流 $I_g$ 送入 VT1 的基极。经过放大，VT1 的集电极便有 $I_{C1} = \beta_1 I_g$ 的电流。此电流就是 VT2 的基极电流，经 VT2 放大，VT2 的集电极便有 $I_{C2} = \beta_1 \beta_2 I_g$ 的电流流过。而该电流又送入 VT1 的基极，如此反复很快进入饱和，两个晶体管很快便导通。晶闸管导通后，VT1 和 VT2 互相提供基极电流，该电流比触发电流大得多，因而即使触发信号消失，单向晶闸管仍能保持导通状态。

### 2. 双向晶闸管

双向晶闸管又称双向可控硅，属于 N-P-N-P-N 共 5 层半导体器件，有第一电极（T1）、第二电极（T2）、门极（G）3 个电极，在结构上相当于两个单向晶闸管反极性并联。双向晶闸管的实物外形如图 7-5 所示。

与单向晶闸管不同的是，双向晶闸管可以双向导通，允许两个方向都有电流流过，常用在交流电路中调节电压、电流，或用作交流无触点开关。

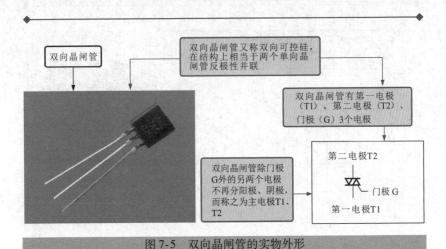

图 7-5　双向晶闸管的实物外形

　要点说明

　　双向晶闸管第一电极 T1 与第二电极 T2 间，无论所加电压极性是正向还是反向，只要门极 G 和第一电极 T1 间加有正、负极性不同的触发电压，就可触发晶闸管导通，并且失去触发电压，也能继续保持导通状态。

　　当第一电极 T1、第二电极 T2 电流减小至小于维持电流或 T1、T2 间的电压极性改变且没有触发电压时，双向晶闸管才会截止，此时只有重新送入触发电压方可导通。

相关资料

　　双向晶闸管的导通及截止特性如图 7-6 所示。

　**3. 门极可关断晶闸管**

　　门极可关断晶闸管（Gate Turn-Off Thyristor）俗称门控晶闸管。这种晶闸管属于 P-N-P-N 四层三端器件，其结构及等效电路和普通晶闸管相同。图 7-7 所示为典型门极可关断晶闸管的实物外形，其主要特点是当门极加负向触发信号时晶闸管能自行关断。

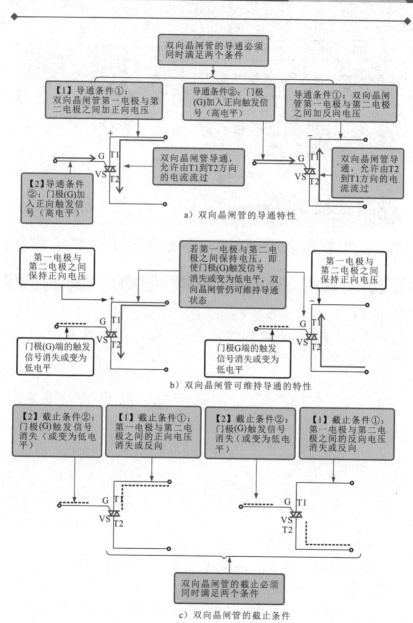

图 7-6　双向晶闸管的导通及截止特性

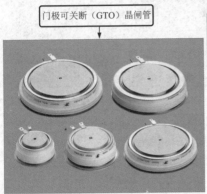

门极可关断（GTO）晶闸管

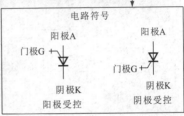

门极可关断晶闸管也属于P-N-P-N四层三端器件，其结构及等效电路和普通晶闸管相同，不同的是该类晶闸管具有自关断能力，无需切断电路或外接换向电路使电压换向

电路符号

阳极A

门极G

阴极K

阳极受控

阳极A

门极G

阴极K

阴极受控

图 7-7　门极可关断晶闸管的实物外形

### 要点说明

门极可关断晶闸管与普通晶闸管的区别如下：

普通晶闸管（SCR）靠门极正信号触发之后，撤掉信号亦能维持通态。欲使之关断，必须切断电源，使正向电流低于维持电流，或施以反向电压强行关断。这就需要增加换向电路，不仅使设备的体积重量增大，而且会降低效率，产生波形失真和噪声。

门极可关断晶闸管克服了上述缺陷，它既保留了普通晶闸管耐压高、电流大等优点，以具有自关断能力，使用方便，是理想的高压、大电流开关器件。大功率可关断晶闸管已广泛用于波调速、变频调速、逆变电源等领域。

 **4. 快速晶闸管**

快速晶闸管是可以在 400Hz 以上频率工作的晶闸管，其开通时间为 4～8μs，关断时间为 10～60μs。

快速晶闸管是一个 P-N-P-N 四层三端器件，其符号与普通晶闸管一样，它不仅要有良好的静态特性，更要有良好的动态特性。主要用于较高频率的整流、斩波、逆变和变频电路。图 7-8 所示为典型快速晶闸管的实物外形。

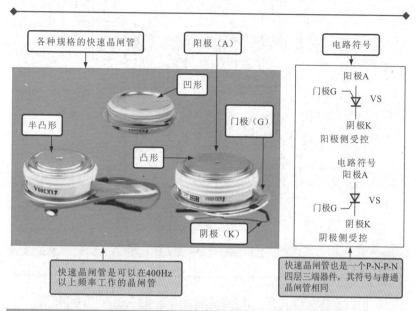

图7-8　典型快速晶闸管的实物外形

 **5. 螺栓型晶闸管**

螺栓型晶闸管与普通单向晶闸管相同，只是封装形式不同。这种结构便于安装在散热片上，工作电流较大的晶闸管多采用这种结构形式。图7-9所示为典型螺栓型晶闸管的实物外形。

 **6. 单结晶闸管**

单结晶闸管（UJT）也称双基极二极管。图7-10所示为单结晶闸管的实物外形。从结构功能上类似晶闸管，它是由一个PN结和两个内电阻构成的三端半导体器件，有一个PN结和两个基极。

单结晶体管具有电路简单、热稳定性好等优点，广泛用于振荡、定时、双稳电路及晶闸管触发等电路。

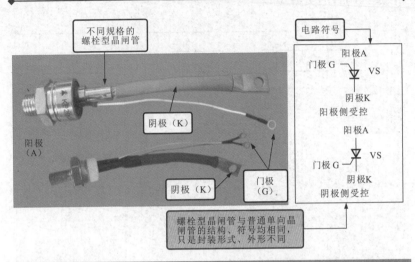

图7-9　典型螺栓型晶闸管的实物外形

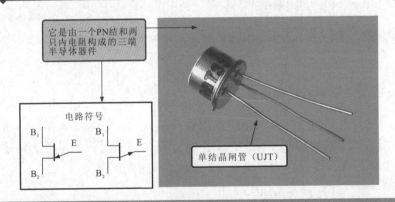

图7-10　单结晶闸管的实物外形

相关资料

　　单结晶闸管可以分为 N 型单结晶闸管和 P 型单结晶闸管。在工作时，当发射极电压 $U_E$ 大于峰点电压 $U_P$ 时，单结晶闸管即可导通，电流流向为箭头所指方向，如图 7-11 所示。

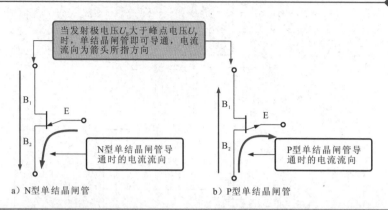

a）N型单结晶闸管　　　　　　　　　b）P型单结晶闸管

图7-11　N型单结晶闸管和P型单结晶闸管的特性

## 7.1.2　晶闸管的功能应用

晶闸管是一种可控整流器件又称固态继电器，触发后相当于整流二极管。其主要特点是通过小电流实现高电压、高电流的开关控制，在实际应用中主要作为可控整流器件和可控电子开关使用。

 **1. 晶闸管作为可控整流器件使用**

图7-12所示为晶闸管构成的典型调速电路。晶闸管与触发电路构成调速电路，使供给电动机的电流具有可调性。

 **2. 晶闸管作为可控电子开关使用**

在很多电子或电器产品电路中，晶闸管在大多情况下起到可控电子开关的作用，即在电路中由其自身的导通和截止来控制电路接通与断开。

图7-13所示为晶闸管在洗衣机排水系统中的典型应用。在该电路中由晶闸管控制洗衣机排水电磁阀能否接通220V电源，进而控制排水状态。

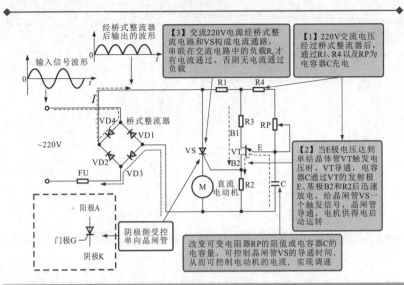

图 7-12　晶闸管构成的典型调速电路

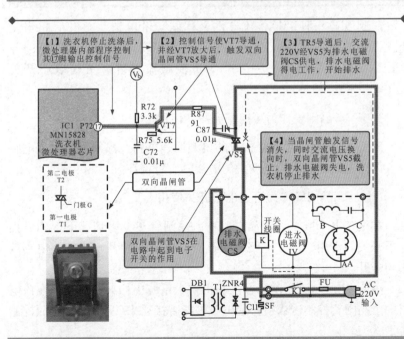

图 7-13　晶闸管在洗衣机排水系统中的典型应用

## 7.2　晶闸管的检测

### 7.2.1　单向晶闸管引脚极性的判别检测

使用万用表检测单向晶闸管的性能，需要先判断引脚极性，这是检测单向晶闸管的关键环节。

识别单向晶闸管引脚极性时，除了根据标识信息和数据资料外，对于一些未知引脚的晶闸管，可以使用万用表的欧姆档（电阻档）进行简单判别，如图7-14所示。

扫一扫看视频

【1】将万用表的黑表笔搭在单向晶闸管的中间引脚上，红表笔搭在单向晶闸管的左侧引脚上

【2】万用表实测阻值为无穷大

测得阻值为8kΩ

【3】将万用表的黑表笔搭在单向晶闸管的右侧引脚上，红表笔不动

【4】万用表实测阻值为8kΩ，可确定黑表笔所接引脚为门极，红表笔所接引脚为阴极K，剩下的一个引脚为阳极A

图7-14　单向晶闸管引脚极性的检测示例

## 7.2.2　单向晶闸管触发能力的检测

　　单向晶闸管作为一种可控整流器件，一般不直接用万用表检测其好坏，但可借助万用表检测单向晶闸管的触发能力，如图 7-15 所示。

　　上述检测方法是由指针万用表内电池产生的电流维持单向晶闸管的导通状态，但有些大电流单相晶闸管需要较大的电流才能维持导通状态，因此黑表笔脱离门极（G）后，单相晶闸管不能维持导通状态是正常的。在这种情况下需要搭建电路进行检测。图 7-16 为单向晶闸管的典型应用电路。

扫一扫看视频

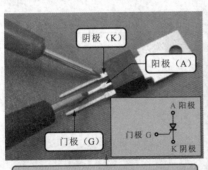

将万用表的黑表笔搭在单向晶闸管的阳极（A）上，红表笔搭在阴极（K）上

观察万用表的指针摆动，测得阻值为无穷大

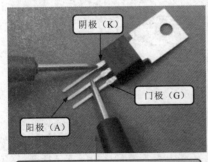

保持红表笔位置不变，将黑表笔同时搭在阳极（A）和门极（G）上

观察万用表的指针摆动，测得阻值为无穷大

图 7-15　单向晶闸管触发能力的检测方法

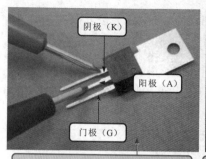 

保持黑表笔接触阳极（A）的前提下，脱开门极（G）

万用表的指针仍指示低阻值状态，说明晶闸管处于维持导通状态，触发能力正常

图7-15　单向晶闸管触发能力的检测方法（续）

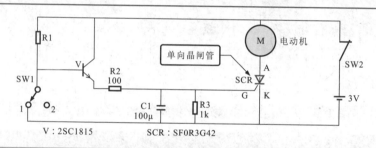

图7-16　单向晶闸管的典型应用电路

### 🔧 要点说明

　　在小型直流电动机的供电电路中串接了一只单向晶闸管 SCR，单向晶闸管的门极（G）有信号（电压）就会被触发而导通，电动机则会因有电流流过而旋转。触发信号消失后，单向晶闸管仍会继续保持导通状态。

　　单向晶闸管的触发电路是由晶体管 V 和外围元器件构成的。当开关 SW1 置于 2 位置时，V 基极电压升高，R1 为 V 提供基极电流，V 导通，V 的发射极电压上升，接近电源电压 3V，该电压经 R2 给电容 C1 充电，使 C1 上的电压上升，该电压加到晶闸管 SCR 的触发极，晶闸管导通，电动机旋转。此时，若 SW1 回到 1 的位置，晶体 V 基极电压下降为 0V 而截止，触发信号消失，但 SCR 仍处于导通状态，直流电动机仍旋转。此时，断开 SW2，直流电动机停转，SCR 截止，再接通 SW2，SCR 仍然处于截止状态，等待被触发。

使用指针万用表检测单向晶闸管在所搭建电路中的触发能力时，为了观察和检测方便，可用接有限流电阻的发光二极管代替直流电动机，如图 7-17 所示。

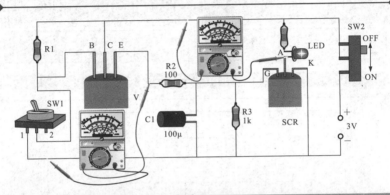

图 7-17　使用指针万用表检测单向晶闸管在电路中的触发能力

### 🔲 要点说明

先将 SW2 置于 ON，SW1 置于 2 端，晶体管 V 导通，发射极（E）电压为 3V，单向晶闸管 SCR 导通，阳极（A）与电源端电压为 3V，LED 发光。

然后，保持上述状态，将 SW1 置于 1 端，晶体管 V 截止，发射极（E）电压为 0V，单向晶闸管 SCR 仍维持导通，阳极（A）与电源端电压为 3V，LED 发光。

继续保持上述状态，将 SW2 置于 OFF，电路断开，LED 熄灭。

最后，再将 SW2 置于 ON，电路处于等待状态，又可以重复上述工作状态。

这种情况表明，电路中单向晶闸管工作正常。

## 7.2.3　双向晶闸管触发能力的检测

检测双向晶闸管的触发能力与检测单向晶闸管触发能力的方法

基本相同，只是所测晶闸管引脚极性不同。

　　检测双向晶闸管的触发能力时需要为其提供触发条件，一般可用万用表检测，其既可作为检测仪表，又可利用内电压为晶闸管提供触发条件，如图7-18所示。

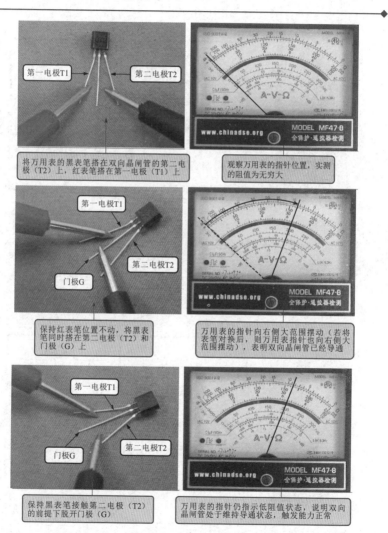

图7-18　双向晶闸管触发能力的检测方法

上述检测方法是由万用表内电池产生的电流维持双向晶闸管的导通状态，有些大电流双向晶闸管需要较大的电流才能维持导通状态，黑表笔脱离门极（G）后，双向晶闸管不能维持导通状态是正常的。在这种情况下需要借助如图 7-19 所示的电路进行检测。

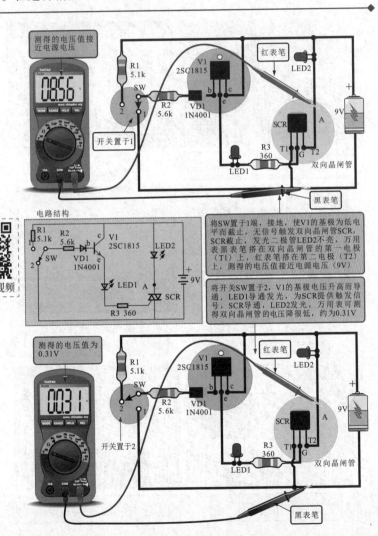

将SW置于1端，接地，使V1的基极为低电平而截止，无信号触发双向晶闸管SCR，SCR截止，发光二极管LED2不亮，万用表黑表笔搭在双向晶闸管的第一电极（T1）上，红表笔搭在第二电极（T2）上，测得的电压值接近电源电压（9V）。

将开关SW置于2，V1的基极电压升高而导通，LED1导通发光，为SCR提供触发信号，SCR导通，LED2发光，万用表可测得双向晶闸管的电压降很低，约为0.31V

扫一扫看视频

图 7-19　在路检测双向晶闸管的触发能力

## 7.3 晶闸管的选用代换

### 7.3.1 晶闸管的选用

在代换晶闸管之前，要保证所代换晶闸管的规格符合要求；在代换过程中，注意安全可靠，防止造成二次故障，力求代换后的晶闸管能够良好、长久、稳定的工作。具体原则如下：

1）晶闸管代换时注意反向耐压、允许电流和触发信号的极性。

2）反向耐压高的可以取代耐压低的。

3）允许电流大的可以取代允许电流小的。

4）触发信号的极性应与触发电路对应。

晶闸管的种类和型号较多，不同种类的晶闸管的参数也不一样，因此电路中的晶闸管损坏时，最好选用同型号的晶闸管进行代换。此外，还需了解不同种类晶闸管的使用电路和选用注意事项，晶闸管的适用电路和选用注意事项见表7-1。

表7-1　晶闸管适用电路和选用注意事项

| 类型 | 适用电路 | 选用注意事项 |
|---|---|---|
| 单向晶闸管 | 交直流电压控制、可控硅整流、交流调压、逆变电源、开关电源保护等电路 | • 选用晶闸管时应重点考虑的额定峰值电压、额定电流、正向电压降、门极触发电流及触发电压、控制极触发电压 $U_{GT}$ 与触发电流 $I_{GT}$、开关速度等参数 |
| 双向晶闸管 | 交流开关、交流调压、交流电动机线性调速、灯具线性调光及固态继电器、固态接触器等电路 | • 一般选用晶闸管的额定峰值电压和额定电流均应为工作电路中的最大工作电压和最大工作电流的1.5~2倍<br>• 所选用晶闸管的触发电压与触发电流一定要小于实际应用中的数值 |
| 逆导晶闸管 | 电磁灶、电子镇流器、超声波电路、超导磁能存储系统及开关电源等电路 | • 所选用晶闸管的尺寸、引脚长度应符合应用电路的要求 |

（续）

| 类型 | 适用电路 | 选用注意事项 |
|---|---|---|
| 光控晶闸管 | 光电耦合器、光探测器、光报警器、光计数器、光电逻辑电路及自动生产线的运行键控电路等 | • 选用双向晶闸管时，还应要考虑浪涌电流参数符合电路要求<br>• 一般在直流电路中，可以选用普通晶闸管或双向晶闸管；当用在以直流电源接通和断开来控制功率的直流电路中，由于要求开关速度快、频率高，需选用高频晶闸管 |
| 门极关断晶闸管 | 交流电动机变频调速、逆变电源及各种电子开关电路等 | • 在选用高频晶闸管时，要特别注意高温下和室温下的耐压量值，大多数高频晶闸管在额定高温下给定的关断时间为室温下关断时间的 2 倍 |

## 7.3.2　晶闸管的代换

晶闸管一般直接焊接在电路板上，对其进行代换时，可借助电烙铁、吸锡器或焊锡丝等进行拆卸和焊接操作。

首先将电烙铁通电，进行预热，待预热完毕后再配合吸锡器、焊锡丝等进行拆卸和焊接操作。晶闸管的代换方法如图 7-20 所示。

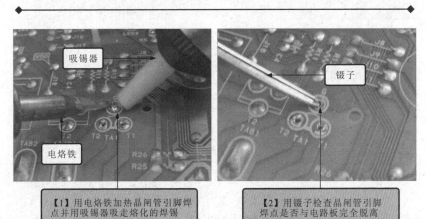

【1】用电烙铁加热晶闸管引脚焊点并用吸锡器吸走熔化的焊锡

【2】用镊子检查晶闸管引脚焊点是否与电路板完全脱离

图 7-20　晶闸管的拆卸和安装方法

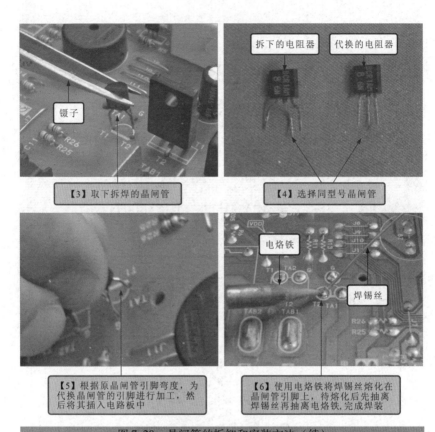

图7-20　晶闸管的拆卸和安装方法（续）

# 第8章

# 传感器的应用与检测

## 8.1　传感器的特点与功能应用

### 8.1.1　传感器的种类特点

传感器的种类和型号很多，已应用到各个领域之中。图 8-1 是位移、超声波、温度和光电开关等传感器的实物图。

图 8-1　位移、超声波、温度和光电开关等传感器

根据传感器工作原理，可分为物理传感器和化学传感器两大类。

按照其用途，传感器可分类为：压力传感器、倾角传感器、位置传感器、液面传感器、能耗传感器、速度传感器、热敏传感器、加速度传感器、射线辐射传感器、振动传感器、湿敏传感器、磁敏传感器、气敏传感器、真空传感器、生物传感器等。

**1. 温度传感器**（热敏电阻器）

图8-2是一种温度传感器，它被安装在检测探头内，通过引线输出温度信号。热敏电阻器是对温度敏感的元件，按照温度系统不同分为正温度系数（PTC）热敏电阻器和负温度系数（NTC）热敏电阻器。热敏电阻器的典型特点是对温度敏感，不同的温度下表现出不同的电阻值，正温度系数热敏电阻在温度越高时电阻值越大，负温度系数热敏电阻器在温度越高时电阻越低，它们同属于半导体器件。图8-3所示为热敏电阻器实物外形。

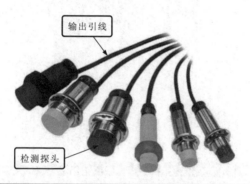

图8-2　温度传感器

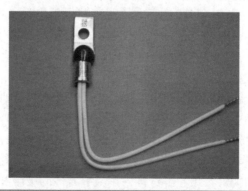

图8-3　热敏电阻器的实物外形

### 2. 湿度传感器

湿度传感器是检测环境湿度的器件，湿敏元件主要有电阻式和电容式两大类。湿敏电阻器是最常用的传感器，如图8-4所示。

湿敏电阻器是由感湿片（或湿敏膜）、引线电极和具有一定强度的绝缘基体组成，常用于检测湿度，在录像机中的结露传感元件即为湿敏电阻器。

图8-4　典型常见的湿敏电阻器

（1）高分子电容式湿度传感器

高分子电容式湿度传感器是在绝缘基片（诸如玻璃、陶瓷、硅等材料）上，用丝网漏印或真空镀膜工艺做出电极，再用浸渍法将感湿胶制成湿敏电容器，该电容器吸附水分子后使电容值呈现出有规律性的变化，此即为湿度传感器的基本工作原理。

（2）氯化锂湿敏传感器

氯化锂湿敏传感器是利用湿敏元件的电气特性（如电阻值）、随湿度的变化而变化的原理进行湿度测量的传感器。常见的有多片电阻组合式氯化锂湿敏传感器。湿敏元件一般是在绝缘材料上浸渍吸湿性物质，或者通过蒸发、涂覆等工艺制作一层层金属、半导体、高分子薄膜和粉末状颗粒等材料，在湿敏元件的吸湿和脱湿过程中、水分子会分解出离子而使传导特性发生变化，从而使元件的电阻值随湿度而变化。

氯化锂湿度传感器具有稳定性、耐温性和使用寿命长等重要优点，氯化锂湿度传感器还有着多种多样的产品形式和制作方法。

（3）有机高分子膜湿敏电容

湿敏电容一般是用高分子薄膜电容制成的，常用的高分子材料有聚苯乙烯、聚酰亚胺、酪酸醋酸纤维等。当环境湿度发生改变时，湿敏电容的介电常数发生变化，使其电容量也发生变化，其电容变化量与相对湿度成正比。

电子式湿敏传感器的准确度可达 2%～3%RH，这比常见的干湿球测湿精度高。

湿敏元件的线性度及抗污染性较差，在检测环境湿度时，湿敏元件要长期暴露在待测环境中，很容易被污染而影响其测量精度及长期稳定性。这方面没有干湿球测湿方法好。

湿敏电阻器的特点是在基片上覆盖一层用感湿材料制成的膜，当空气中的水蒸气吸附在感湿膜上时，元件的电阻率和电阻值都将发生变化，利用这一特性即可测量湿度。

### 3. 光电传感器

（1）光敏电阻器

光敏电阻器是利用半导体的光电导效应制成的一种电阻器，其阻值随入射光的强弱而改变。光敏电阻器也可以称为光电导探测器，入射光强，电阻减小，入射光弱，电阻增大。还有另一种入射光弱，电阻减小，入射光强，电阻增大的光敏电阻器。图 8-5 是光敏电阻器的外形图。

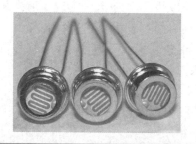

图 8-5　光敏电阻器的外形

光敏电阻器常用的制作材料为硫化镉，此外还有硒、硫化铝、硫化铅和硫化铋等材料。这些材料具有在特定波长的光照射下，其阻值迅速减小的特性。这是由于光照产生的载流子都参与导电，在外加电场的作用下做漂移运动，电子奔向电源的正极，空穴奔向电源的负极，从而使光敏电阻器的阻值迅速下降。

**要点说明**

光敏电阻器按半导体材料分，有本征型光敏电阻器、掺杂型光敏电阻器。后者性能稳定，特性较好，故大都采用它。根据光敏电阻的光谱特性，可分为三种光敏电阻器：

1）紫外光敏电阻器：对紫外线较灵敏，包括硫化镉、硒化镉光敏电阻器等，用于探测紫外线。

2）红外光敏电阻器：主要有硫化铅、碲化铅、硒化铅。锑化铟等光敏电阻器，广泛用于导弹制导、天文探测、非接触测量、人体病变探测、红外光谱，红外通信等国防、科学研究和工农业生产中。

3）可见光光敏电阻器：包括硒、硫化镉、硒化镉、碲化镉、砷化镓、硅、锗、硫化锌光敏电阻器等。

（2）光电二极管

图8-6是典型光电二极管的结构。光电二极管与半导体二极管在结构上是类似的，其管芯是一个具有光敏特性的PN结，具有单向导电性，因此工作时需加上反向电压。无光照时，有很小的饱和反向漏电流（即暗电流），此时光电二极管截止。当受到光照时，饱和反向漏电流大大增加，形成光电流。它随入射光强度的变化而变化。当光线照射PN结时，可以使PN结中产生电子-空穴对，使少数载流子的密度增加。这些载流子在反向电压下漂移，使反向电流增加。因此可以利用光照强弱来改变电路中的电流。

（3）光电晶体管

图8-7是典型光电晶体管的结构，光电晶体管和普通晶体管相似，也有电流放大作用，只是它的集电极电流不只是受基极电路和电流控制，同时也受光辐射的控制。通常基极不引出，但一些光电

晶体管的基极有引出，用于温度补偿和附加控制等。当具有光敏特性的 PN 结受到光辐射时，形成光电流。由此产生的光生电流由基极进入发射极。从而在集电极回路中得到一个放大了相当于 $\beta$ 倍的信号电流。不同材料制成的光电晶体管具有不同的光谱特性，与光电二极管相比，其具有很大的光电流放大作用，即很高的灵敏度。

图 8-6  典型光电二极管的结构

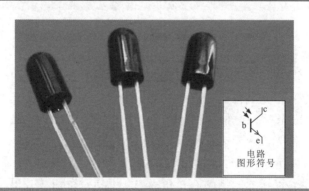

图 8-7  典型光电三极管

（4）光电耦合器

图 8-8 是光电耦合器的各种结构形式，根据设备内的空间进行安排。光电耦合器是以光为媒介传输电信号的一种电—光—电转换器件。它由发光源和受光器两部分组成。把发光源和受光器组装在同一密闭的壳体内。彼此间用透明绝缘体隔离。发光源的引脚为输

入端，受光器的引脚为输出端，常见的发光源为发光二极管，受光器为光电二极管、光电晶体管等等。

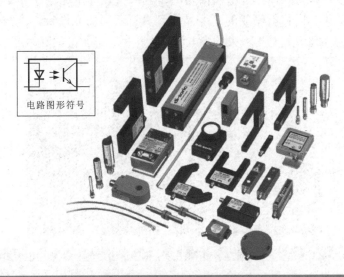

图8-8　光电耦合器的结构

　　光电耦合器亦称为光电隔离器，简称光耦。光电耦合器以光为媒介传输电信号。它对输入、输出电信号有良好的隔离作用，在各种电路中得到了广泛应用。目前它已成为种类最多、用途最广的光电器件之一。光耦合器一般由三部分组成：光的发射、光的接收及信号放大。输入的电信号驱动发光二极管（LED），使之发出一定波长的光，被光探测器接收而产生的电流，再经过进一步放大后输出，这就完成了光→电→光的转换，从而起到输入、输出隔离的作用。由于光耦合器输入、输出间互相隔离，电信号传输具有单向性等特点，因而具有良好的电绝缘性能和抗干扰能力。

　　光电耦合器的种类较多，常见有光电二极管型、光电晶体管型、光敏电阻型、光控晶闸管型、光电达林顿型、集成电路型等。

 **4. 超声波传感器**

超声波传感器是利用超声波的特性而制成的传感器，超声波是一种振动频率高于声波的机械波，由换能晶片在电压的激励下发生振动产生的，它具有频率高、波长短、绕射现象小，特别是方向性好、具有定向传播等特点。超声波对液体、固体的穿透能力很强，尤其是在不透明的固体中，它可穿透几十米的深度。超声波碰到杂质或分界面会产生显著反射，形成反射回波，碰到活动物体能产生多普勒效应。因此超声波检测广泛应用在工业、防盗、报警等方面。

　　图8-9是常用的超声波传感器。超声波传感器利用声波介质对被检测物进行非接触式无磨损的检测。超声波传感器对透明或有色物体，金属或非金属物体、固体、液体、粉状物质均能检测。其检测性能几乎不受任何环境条件的影响。

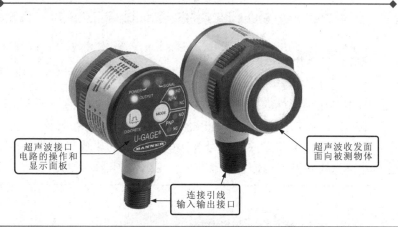

超声波接口
电路的操作和
显示面板

超声波收发面
面向被测物体

连接引线
输入输出接口

图8-9　超声波传感器

　　超声探头的核心是一块压电晶片。图8-10是超声波传感器及接口电路的结构。

　　超声波传感技术应用在生产实践的不同方面，超声波遥控技术在各种近距离控制方面的应用很广，在医学领域的应用是其最主要的应用之一。超声波在医学上的应用主要是疾病诊断，它已经成为临床医学中不可缺少的诊断方法。超声波诊断的优点是：对受检者无痛苦、无损害、方法简便、诊断的准确率高等。在工业方面，超声波的典型应用是对金属的无损探伤和超声波测厚两种。

图 8-10 超声波传感器及接口电路

 **5. 磁敏传感器**

（1）霍尔传感器

图 8-11 所示为霍尔传感器，它可以装在任何形状的外壳内，通过引线输出。霍尔传感器是一种磁传感器，可以检测磁场及其变化。霍尔传感器是由霍尔元件和信号放大电路组成的集成传感器。霍尔传感器分为线性型霍尔传感器和开关型霍尔传感器两种。

图 8-11 霍尔传感器

线性型霍尔传感器由霍尔元件、线性放大器和射极跟随器组成，其输出模拟量。线性型霍尔元件可用于电动车调速、电流传感器、电压和功率检测、流速测量、位置控制等。

开关型霍尔传感器由稳压器、霍尔元件、差分放大器，斯密特触发器和输出级组成，其输出脉冲量和数字量。

**相关资料**

① 单极性霍尔效应传感器，可用于位置检测、水流检测、电动机转子磁极位置测速、汽车点火器等，如贴片型霍尔传感器 HAL131、HAL202、HAL581，耐高温型霍尔开关 HAL43F、HAL3144L、A1104LUA 等。

② 双极性锁存型霍尔传感器可用于直流无刷电动机相位或转速等检测，如 HAL40A、HAL513、US1881、EW732 等

③ 全极性霍尔开关电路 HAL149、HAL4913、HAL248 等具有低电流输出，适合于电池供电的产品使用。

（2）磁敏电阻

磁敏电阻（Magnetic Resistance）是利用半导体的磁阻效应制造的，常用锑化铟材料加工而成，如图 8-12 所示。半导体材料的磁阻效应包括物理磁阻效应和几何磁阻效应。其中物理磁阻效应又称为磁电阻率效应。

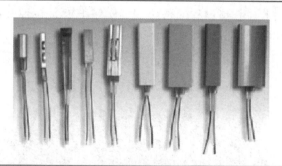

图 8-12　磁敏电阻器

### 6. 压力传感器

图 8-13 典型的压力传感器。压力传感器能感受压力并将其转换

成电信号的传感器。压力传感器属力学传感器，它的种类很多，如电阻应变片压力传感器、半导体应变片压力传感器、压阻式压力传感器、电感式压力传感器、电容式压力传感器、谐振式压力传感器及电容式加速度传感器等。但应用最为广泛的是压阻式压力传感器，它具有价格低精度高线性等特性。

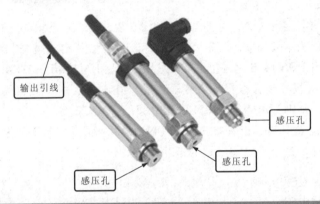

图 8-13　压力传感器

 **7. 气体传感器**

气体传感器是检测某种气体浓度的器件，有检测可燃气体浓度的传感器，还有检测烟雾的传感器，实质上就是一种气敏电阻器。其结构如图 8-14 所示。

图 8-14　气体传感器

气体传感器常用的主要有接触燃烧式气体传感器、电化学气敏传感器和半导体气敏传感器等。

1）接触燃烧式气体传感器的检测元件一般为铂金属丝（也可表面涂铂、钯等稀有金属催化层），使用时对铂丝通以电流，保持300～400℃的高温，此时若与可燃性气体接触。可燃性气体就会在稀有金属催化层上燃烧，因此，铂丝的温度会上升，铂丝的电阻值也上升。通过测量铂丝的电阻值变化的大小，就知道可燃性气体的浓度。

2）电化学气敏传感器一般利用液体（或固体、有机凝胶等）电解质，其输出形式可以是气体直接氧化或还原产生的电流，也可以是离子作用于离子电极产生的电动势。

3）半导体气敏传感器具有灵敏度高、响应快、稳定性好、使用简单的特点，应用极其广泛；半导体气敏元件有 N 型和 P 型之分。N 型在检测时阻值随气体浓度的增大而减小；P 型的阻值随气体浓度的增大而增大。如二氧化锡金属氧化物半导体气敏材料，属于 N 型半导体，在 200～300℃ 温度它吸附空气中的氧，形成氧的负离子吸附，使半导体中的电子密度减少，从而使其电阻值增加。当遇到供给电子的可燃气体（如 CO 等）时，原来吸附的氧脱附，而由可燃气体以正离子状态吸附在金属氧化物半导体表面；氧脱附放出电子，可燃性气体以正离子状态吸附也要放出电子，从而使氧化物半导体导带电子密度增加，电阻值下降。可燃性气体不存在了，金属氧化物半导体又会自动恢复氧的负离子吸附，使电阻值升高到初始状态。这就是半导体气敏元件检测可燃气体的基本特性。

### 8. 热释电红外传感器

热释电红外传感器是采用高热电系数的强介质陶瓷体（如锆钛酸铅系陶瓷、钽酸锂、硫酸三甘肽等）作为传感（感知）元件。可以将探测并接收到的红外辐射转变成微弱的电压信号，经装在探头内的场效应晶体管放大后向外输出。

图 8-15 是一个双探测元件热释电红外传感器的结构示意图。外部各种波长的红外光通过光学透镜后聚焦到反极性串联的传感元件表面。位于传感元件表面的热吸收膜会将红外线变换成热，从而使传感元件表面温度上升。然后根据热电效应，即可产生表面电荷后

放大输出。利用这种特性，热释电红外传感器常用作人体感应开关、报警器等自动开关检测领域。

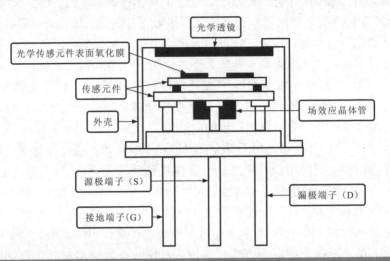

图 8-15　双探测元件热释电红外传感器

 **9. 智能传感器**

图 8-16 是典型的智能传感器。它与信号处理电路制成一体。智能传感器是具有信息处理功能的传感器，目前广泛应用于物联网及自动化系统中。智能传感器带有微处理器，具有采集、处理、交换信息的能力，是传感器集成化与微处理器相结合的产物。一般智能机器人的感觉系统由多个传感器集合而成，采集的信息需要计算机进行处理，而使用智能传感器就可将信息分散处理，从而降低成本。与一般传感器相比，智能传感器具有以下三个优点：通过软件技术可实现高精度的信息采集，而且成本低；具有一定的编程自动化能力；功能多样化。

图 8-17 是一种智能传感器组合体，它通过接口与主机连接在一起。智能传感器是一个以微处理器为内核扩展了外围部件的计算机检测系统。相比一般传感器，智能式传感器有如下显著特点：

1）提高了传感器的精度。智能传感器具有信息处理功能，由软件协议可修正各种系统误差，例如输入输出的非线性误差、零点误差、正反行程误差等，而且还可实时地补偿随机误差、降低噪声，大大提高了传感器精度。

图 8-16　智能传感器

图 8-17　智能传感器组合体

2）提高了传感器的可靠性。集成传感器系统小型化，消除了传统结构的某些不可靠的因素，改善了整个系统的抗干扰机能；同时它还具有诊断功能、具有良好的稳定性。

3）推进了传感器多功能化。智能式传感器实现了多传感器多参数综合测量能力，根据检测对象或条件的改变，借助于数字通信接口功能，直接送入远地计算机进行处理；具有多种数据输出形式，如 RS-232 串行输出，PIO 并行输出，IEE-488 总线输出以及经 D/A 转换后的模拟量输出等。

## 8.1.2　传感器的功能应用

传感器是一种检测装置，能感受到被测量物体和环境的信息，并能将检测感受的信息，按一定的规律变换成电信号或其他所需要形成信息输出，以满足信息的传播、处理、储存、显示、记录和控制的要求。它是实现自动检测和自动控制的首要环节。

 **1. 传感器的特性**

图 8-18 是几种不同功能传感器的外形图。不同传感器根据需要被封装在各具特色的外壳内。

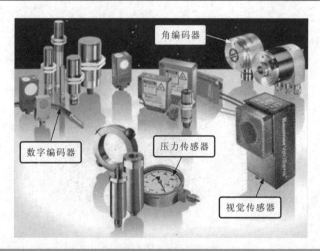

图 8-18　传感器的特性与选择示意图

1) 灵敏度是指传感器在稳态工作情况下输出变化量对输入变化量的比值。它是输出与输入特性曲线的斜率。如果传感器的输出和输入之间为线性关系，则灵敏度是一个常数。

灵敏度的量纲是输出、输入量的量纲之比。例如，某位移传感器，在位移变化 1mm 时，输出电压变化为 200mV，则其灵敏度应表示为 200mV/mm。

当传感器的输出、输入量的量纲相同时，灵敏度可理解为放大倍数，提高灵敏度，可得到较高的测量精度。但灵敏越高，测量范围越窄，稳定性也往往越差。

2）动态特性是指传感器在输入变化时的输出特性。在实际工作中，传感器的动态特性常用它对某些标准输入信号的响应来表示。这是因为传感器对标准输入信号的响应之间存在一定的关系，往往知道了前者就能推定后者，最常用的标准输入信号有阶跃信号和正弦信号两种，所以传感器的动态特性也常用阶跃响应和频率响应来表示。

3）线性度。通常情况下，传感器的实际静态特性输出是条曲线而非直线，在实际工作中，为使仪表具有均匀刻度的读数，常用一条拟合直线近似于代表实际的特性曲线，线性度（非线性误差）就是这个近似程度的一个性能指标。

4）迟滞特性是表征传感器在正向（输入量增大）和反向（输入量减小）行程间输出与输入特性曲线不一致的程度，通常用这两条曲线之间的最大差值与满量程输出的百分比表示。迟滞可由传感器内部元件存在能量的吸收造成的。

5）分辨力是指传感器可能感受到的被测量的最小变化量的能力。也就是说，如果输入量从某一非零值缓慢地变化，当输入变化值未超过某一数值时，传感器的输出不会发生变化，即传感器对此输入量的变化是分辨不出来的，只有当输入量的变化超过分辨力时，其输出才会发生变化。

通常传感器在满量程范围内各点的分辨力并不相同，因此常用满量程中能使输出量产生阶跃变化的输入量中的最大变化值作为衡量分辨力的指标。上述指标若用满量程的百分比表示，则称为分辨率。分辨率是传感器的精度指标。

 **2. 传感器的应用**

（1）温度传感器的应用

热敏电阻器可作为电子电路元件用于仪表电路温度补偿，利用

NTC 热敏电阻器的自热特性可实现自动增益控制，构成 RC 振荡器稳幅电路、延迟电路和保护电路。PTC 热敏电阻器主要用于电器设备的过热保护、无触点继电器、恒温、自动增益控制、电动机起动、时间延迟、彩色电视自动消磁、火灾报警和温度补偿等方面。

图 8-19 是用于过电流保护的温度传感器。高分子 PTC 热敏电阻又经常被人们称为自恢复熔丝（热敏电阻器），由于具有独特的正温度系数电阻特性，因而极为适合用作过电流保护器件。热敏电阻器的使用方法像普通熔丝一样，串联在电路中使用。

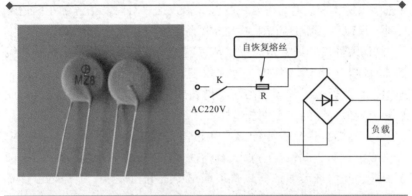

图 8-19　用于过电流保护的温度传感器

当电路正常工作时，热敏电阻器的温度与室温相近、电阻很小，串联在电路中不会阻碍电流通过；而当电路因故障而出现过电流时，热敏电阻器由于发热功率增加导致温度上升，当温度超过开关温度时，电阻瞬间会剧增，回路中的电流迅速减小到安全值，热敏电阻器动作后，电路中电流有了大幅度的降低，由于高分子 PTC 热敏电阻器的可设计性好，可通过改变自身的开关温度来调节其对温度的敏感程度，因而可同时起到过温保护和过电流保护两种作用。

（2）湿度传感器的应用

湿度传感器主要用于湿度的检测，常用于湿度检测及报警电路。图 8-20 为一种湿度检测和报警控制电路。该控制电路中的电源总开关 QS、变压器 T、湿敏电阻器 RS、NE555 时基电路和报警器 HA 是湿度测量报警电路的主要元器件。

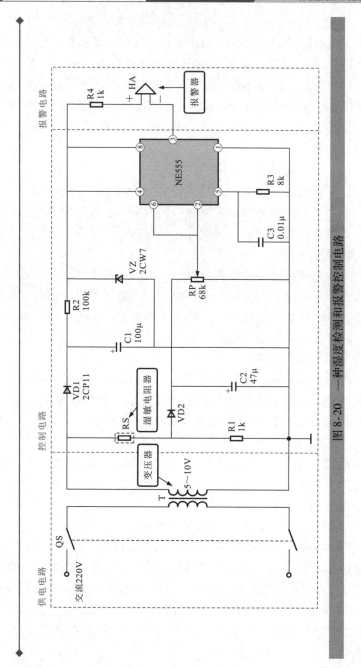

图 8-20　一种湿度检测和报警控制电路

在湿度较小的环境下，湿敏电阻器 RS 的阻值较大。

此时 NE555 的 2 脚和 6 脚电压较低（低于电源供电的 1/6），控制 NE555 的 3 脚输出高电平。报警器两端均为高电平，无法导通，无报警声发出。随着环境速度变化，湿敏电阻器 RS 阻值越来越小。NE555 的 2 脚和 6 脚电压较高，控制 NE555 的 3 脚输出低电平。报警器上端为高电平，下端为低电平，形成电压差，构成通路，报警器开始报警。

（3）光电传感器的应用

光敏电阻器一般用于光的测量、光电控制和光电转换。常用的硫化镉光敏电阻器是由半导体材料制成的。光敏电阻器对光的敏感性与人眼对可见光的响应很接近，只要人眼可感受的光，都会引起它的阻值变化。

光敏电阻器属半导体光敏器件，除具灵敏度高，反应速度快等特点外，在高温、多湿的恶劣环境下，还能保持高度的稳定性和可靠性，这种传感器主要用于各种光电控制系统，如光电自动开关门户，航标灯、路灯和其他照明系统的自动亮灭，机械上的自动保护装置和"位置检测器"。

光敏电阻器的特性曲线如图 8-21 所示。光敏电阻器的工作原理是基于内部的光电效应。在半导体光敏材料两端装上电极引线，将其封装在带有透明窗的管壳里就构成了光敏电阻器，为了增加灵敏度，两电极常做成梳状。用于制造光敏电阻器的材料主要是金属的硫化物、硒化物和碲化物等半导体。通常采用涂敷、喷涂、烧结等方法在绝缘衬底上制作很薄的光敏电阻体及梳状电极，接出引线，封装在具有透光镜的密封壳体内，以免受潮影响其灵敏度。入射光消失后，由光子激发产生的电子-空穴对将复合，光敏电阻器的阻值也就恢复原值。在光敏电阻器两端的金属电极加上电压，其中便有电流通过，受到一定波长的光线照射时，电流就会随光强的增大而变大，从而实现光电转换。光敏电阻器没有极性，纯粹是一个电阻器件，使用时既可外加直流电压，也加交流电压。半导体的导电能力取决于半导体导带内载流子数量的多少。

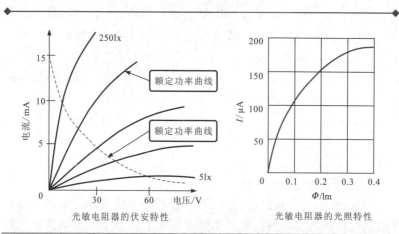

图8-21　光敏电阻器的特性曲线

（4）超声波传感器的应用

超声波传感器广泛应用在物体位监测、机器人防撞、各种超声波接近开关，以及防盗报警等相关领域。

超声波传感器主要采用直接反射式的检测模式。位于传感器前面的被检测物通过将发射的声波部分地发射回传感器的接收器，从而使传感器检测到被测物。

超声波传感器的测距原理如图8-22所示。它通过发射和接收的时间差计算被测物体的距离（超声波速度为340m/s）。

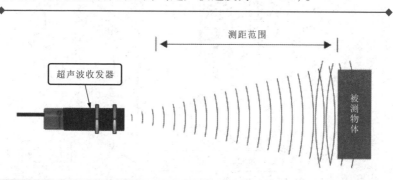

图8-22　超声波传感器的测距原理

超声波是一种在弹性介质中的机械振荡，有两种形式：横向振荡和纵向振荡。在工业中应用主要采用纵向振荡。超声波可以在气体、液体及固体中传播，其传播速度不同。另外，它也有折射和反射现象，并且在传播过程中有衰减。在空气中传播超声波，其频率较低，一般为几十千赫兹，而在固体、液体中则频率可用的较高。超声波在空气中衰减较快，而在液体及固体中传播，衰减较小，传播较远。利用超声波的特性，可做成各种超声传感器，配上不同的接口电路，制成各种超声测量仪器，并在通信、医疗、家电等各方面得到广泛应用。

（5）磁敏传感器的应用

霍尔元件是一种磁感应传感器，它可以检测磁场的极性，将磁场的极性变成电信号的极性，定子线圈中的激励电流根据霍尔元件的信号进行切换就可以形成旋转磁场，驱动永磁转子旋转。

图 8-23 示出了霍尔元件的结构和工作原理，霍尔元件上下经限流电阻接到电源上，有偏流 $I$ 流过，这种情况下，如受到磁通（$B$）的作用，则它的左右会输出极性相反的的电压。于是会使 VT2 导通，VT1 截止，则 W2 有电流，W1 无电流。W2 产生的磁场会吸引转子磁极逆时针旋转。

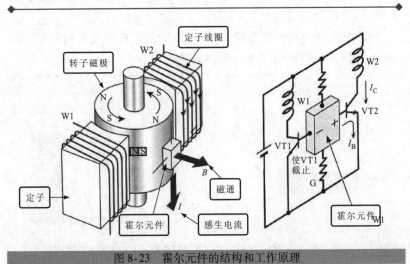

图 8-23  霍尔元件的结构和工作原理

霍尔元件与线圈的关系如图 8-24 所示，将霍尔元件 HG 安装在靠近转子磁极的位置，霍尔元件的输出分别加到晶体管 VT2，VT1 的基极，在图示位置，霍尔元件靠近转子的 N 极，霍尔元件的输出 A 为正 B 为负，则 VT1 截止，VT2 导通，W2 线圈中有电流，W1 线圈中无电流，W2 产生的磁场 S 会吸引转子的 N 极，排斥 S 极，使转子逆时针方向运动。

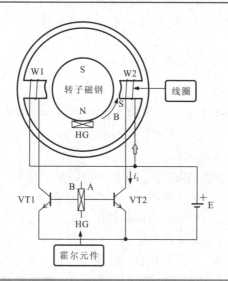

扫一扫看视频

图 8-24　霍尔元件与线圈的关系

当转子转动 90°时，霍尔元件处于中性位置，此时无输出，两个晶体管都截止，但电动机的转子会因惯性而继续转动。当 S 极转到霍尔元件的位置时，霍尔元件受到与前次相反的磁极作用，B 侧输出正极性，A 侧输出负极性，于是 VT2 截止，VT1 导通，W1 线圈有电流，靠近转子的一侧产生磁场 S，并吸引转子的 N 极，使转子继续逆时针转动，这样就可以连续旋转起来。

上述无刷直流电动机的结构中有两个死点（区），即当转子 N、S 极之间的位置为中性点，在此位置霍尔元件感受不到磁场，因而无输出，则绕组也会无电流，电动机只能靠惯性转动，如果恰巧电动机停在此位置，则会无法起动。

除霍尔元件外，磁敏电阻作为另一种重要的磁敏传感器，主要可作为控制元件或计量元件使用。

与霍尔电流传感器相比，其具有精度高、线性好、温度特性好、反应快、结构简单、体积特小、价格低廉等特点。

### 要点说明

作为控制元件时，可将磁敏电阻用于交流变换器、频率变换器、功率电压变换器、磁通密度电压变换器和位移电压变换器等。

作为计量元件时，可将磁敏电阻用于磁场强度测量、位移测量、频率测量和功率因数测量等方面。

（6）压力传感器的应用

压力传感器是工业实践中最为常用的一种传感器，其广泛应用于各种工业自控环境，涉及水利水电、铁路交通、智能建筑、生产自控、航空航天等众多行业。

具有抗腐蚀功能的陶瓷压力传感器如图8-25所示，其压力直接作用在陶瓷膜片的前表面，使膜片产生微小的形变，压敏电阻器连接成一个惠斯通电桥，由于压敏电阻器的压阻效应，使电桥产生一个与压力成正比的高度线性的电压信号。

陶瓷是一种高弹性、抗腐蚀、抗磨损、抗冲击和振动的材料。陶瓷的热稳定特性及其厚膜电阻可以使它的工作温度范围宽达－40～135℃，而且具有测量的高精度和高稳定性。

承压面

图8-25　具有抗腐蚀功能的陶瓷压力传感器

扩散硅压力传感器如图8-26所示。被测介质的压力直接作用于传感器的膜片上，使膜片产生与介质压力成正比的微位移，从而使传感器的电阻值发生变化，利用电子电路检测这一变化，并转换输出一个对应于这一压力的标准测量信号。

图 8-26　扩散硅压力传感器

压电或压力传感器如图 8-27 所示。它主要使用的压电材料包括有石英、酒石酸钾钠和磷酸二氢胺。其中石英（二氧化硅）是一种天然晶体，压电效应就是在这种晶体中发现的，在一定的温度范围之内，压电性质一直存在，但温度超过这个范围之后，压电性质完全消失，这个高温就是所谓的"居里点"。而酒石酸钾钠具有很大的压电灵敏度和压电系数，但是它只能在室温和湿度比较低的环境下才能够应用。磷酸二氢胺属于人造晶体，能够承受高温和相当高的湿度，所以已得到了广泛的应用。

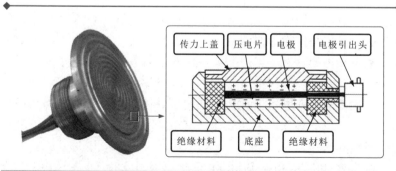

图 8-27　压电或压力传感器

压电传感器主要应用在加速度、压力和力等的测量中。压电式加速度传感器是一种常用的加速度计。它具有结构简单、体积小、重量轻、使用寿命长等优异的特点。压电式加速度传感器在飞机、汽车、船舶、桥梁和建筑的振动和冲击测量中已经得到了广泛的应用。

（7）气体传感器的应用

图8-28是气敏元件的电路符号。它是由加热丝和电极组成。目前气敏元件有两种：一种是直热式，加热丝和测量电极一同烧结在金属氧化物半导体管芯内；另一种是旁热式，这种气敏元件以陶瓷管为基底，管内穿加热丝，管外侧有两个测量极，测量极之间为金属氧化物气敏材料，经高温烧结而成。

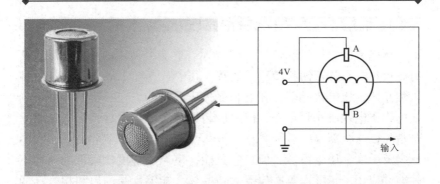

图8-28　气敏元件的电路符号

以二氧化钠气敏元件为例，它是由$0.1 \sim 10\mu m$的晶体集合而成的，这种晶体是作为N型半导体而工作的。在正常情况下，它是处于氧离子缺位的状态。当遇到离解能较小且易于失去电子的可燃性气体分子时，电子从气体分子向半导体迁移，半导体的载流子浓度增加，因此电导率增加。而对于P型半导体来说，它的晶格是阳离子缺位状态，当遇到可燃性气体时其电导率则减小。市场上这种半导体材料的居多。

图8-29和图8-30分别是利用气敏电阻制成的可燃气体报警和烟雾报警电路，它是将传感器与检测电路制成一体的检测单元。传感器是气敏电阻器利用某些半导体吸收某种气体后发生氧化还原反应

制成的，主要成分是金属氧化物，主要品种有金属氧化物气敏电阻器、复合氧化物气敏电阻器、陶瓷气敏电阻器等。人们往往会接触到各种各样的气体，需要对它们进行检测和控制。比如化工生产中气体成分的检测与控制；煤矿瓦斯浓度的检测与报警；环境污染情况的监测；煤气泄漏、火灾报警；燃烧情况的检测与控制等。气敏电阻器就是一种将检测到的气体的成分和浓度转换为电信号的传感器。

图 8-29　可燃气体报警电路

图 8-30　烟雾报警电路

（8）热释电红外传感器的应用

热释电红外传感器通过对人体与背景的温差来探测人体信号，例如在钛酸钡一类的晶体的上、下表面设置电极，在上面表面覆以黑色膜，若有红外线间歇地照射，其表面温度会上升，晶体内部的原子排列将产生变化，引起自发极化电荷，在上下电极之间产生电压。常用的热释红外线光敏元件的材料有陶瓷氧化物和压电晶体，如钛酸钡、钽酸锂、硫酸三甘钛铅酸铅等。

　　热释电红外传感器内部结构如图 8-31 所示。它主要是由光学滤镜、场效应晶体管、红外感应源（热释电元件）、偏置电阻器 R、滤波电容器 C 等元件组成。光学滤镜的主要作用是只允许波长在 $10\mu m$ 左右红外线（人体发出的红外线波长）通过，而将灯光、太阳光及其其他辐射滤掉，以抑制外界的干扰。红外感应源通常由两个反极性串联的热释电元件（传感元件）组成。这两个热释电元件的极性相反，环境辐射对两个热释电元件几乎具有相同的作用，使其产生的热释电效应相互抵消，输出信号接近为零。一旦有人侵入探测区域内，人体红外辐射通过滤镜聚焦，并被热释电元件接收，由于角度不同，两片热释电元件接收到的热量不同，热释电能量也不同，不能互相抵消，它所产生的电压经场效应晶体管放大后输出。

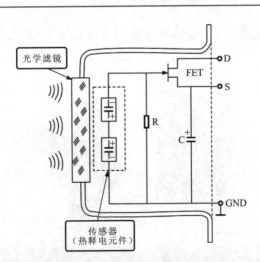

图 8-31　热释电红外传感器的结构

　　图 8-32 是高精度双探测元件 LHZ594/958 的内部等效电路。

　　图 8-33 为 RE200B 人体红外探头的结构和电路示意图。

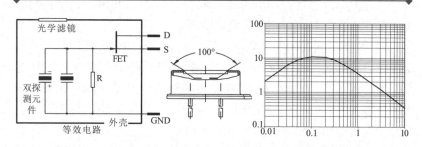

图 8-32　高精度双探测元件 LHZ954/958 的内部等效电路

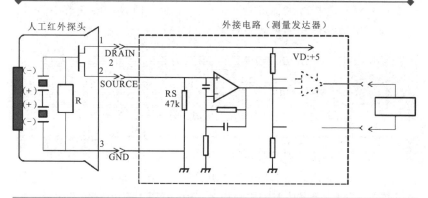

图 8-33　RE200B 人体红外探头的结构和电路示意图

（9）智能传感器的应用

智能传感器的功能是通过模拟人的感官和大脑的协调动作，结合传感器测试技术和生产工艺而制造出来的。它是一个相对独立的智能单元，它的出现对原来硬件性能苛刻要求有所减轻，而靠软件帮助可以使传感器的性能大幅度提高。

1）传感信息的存储和传输。随着信息技术的发展，对智能传感器提出了更高的要求，特别是通信功能，用通信网络以数字形式进行双向通信，是智能传感器必备的功能。智能传感器通过测试数据传输或接收指令来实现各项功能。如增益的设置、补偿参数的设置、内检参数设置、测试数据输出等。

2）传感器自补偿和计算功能。智能传感器的自补偿和计算功能解决了传感器的温度漂移和非线性补偿的问题。利用微处理器对检测信号处理和运算，可获得较精确的测量结果。

3）智能传感器的集成化。由于微电子技术的发展使得传感器与相应的电路都能集成到同一芯片上，这种具有某些智能功能的传感器叫作集成智能传感器。集成智能传感器的特点是：具有较高信噪比，传感器的弱信号先经集成电路信号放大后再远距离传送，就可大大改进信噪比；提高性能，由于传感器与电路集成于同一芯片上，对于传感器的零漂、温漂和零位可以通过自校电路自动校准，又可以采用适当的反馈环路改善传感器的频响；信号归一化，传感器的模拟信号通过程控放大器进行归一化，又通过模数转换成数字信号，微处理器按数字传输的形式进行数字归一化。

## 8.2　传感器的检测

### 8.2.1　温度传感器的检测

扫一扫看视频

热敏电阻器是最为常见的一种温度传感器，检测热敏电阻器时，可使用万用表检测在不同温度下热敏电阻器的阻值，根据检测结果判断热敏电阻器是否正常。检测前，先识读热敏电阻器上的基本标识作为检测结果的对照依据，如图8-34所示。图8-35为热敏电阻器的检测方法。

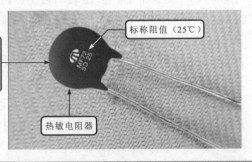

"MF72"：热敏电阻器，负温度系数，抑制浪涌用
"5D 25"：在环境温度为25℃时的标称阻值为5Ω

标称阻值（25℃）

热敏电阻器

图8-34　热敏电阻器参数信息的识读

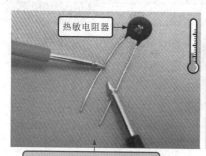

【1】在室温环境下，将指针万用表的红、黑表笔分别搭在热敏电阻器的两引脚端

【2】万用表指针指示"5"（档位设置为"×1"欧姆档），识读测量值为5Ω，与标称值相同，正常

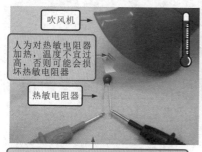

【3】保持万用表的红、黑表笔位置不变，测量档位不变，使用吹风机或电烙铁对热敏电阻器加热，改变温度条件

【4】观察万用表，指针慢慢向左摆动，指示的阻值明显升高（约为13.2Ω）

图8-35　热敏电阻器的检测方法

### 要点说明

　　在常温下，实测热敏电阻器的阻值接近标称值或与标称值相同，表明该热敏电阻器在常温下正常。红、黑表笔不动，使用吹风机或电烙铁加热热敏电阻器时，万用表的指针随温度的变化而摆动，表明热敏电阻器基本正常；若温度变化，阻值不变，则说明热敏电阻器的性能不良。

　　若在测试过程中阻值随温度的升高而增大，则该电阻器为正温度系数热敏电阻器（PTC）；若阻值随温度的升高而降低，则该电阻器为负温度系数热敏电阻器（NTC）。

## 8.2.2　光电传感器的检测

扫一扫看视频

　　光敏电阻器时常见的一类光电传感器。光敏电阻器的阻值会随外界光照强度的变化而变化。检测光敏电阻器时，可通过万用表测量待测光敏电阻器在不同光线下的阻值判断光敏电阻器是否损坏，如图8-36所示。

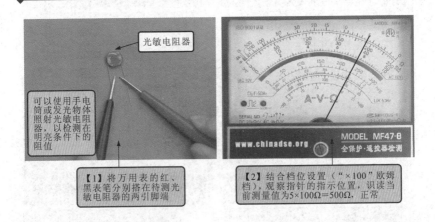

光敏电阻器

可以使用手电筒或发光体照射光敏电阻器，以检测在明亮条件下的阻值

【1】将万用表的红、黑表笔分别搭在待测光敏电阻器的两引脚端

【2】结合档位设置（"×100"欧姆档），观察指针的指示位置，识读当前测量值为5×100Ω＝500Ω，正常

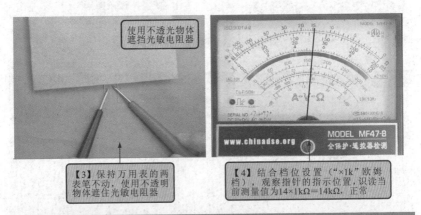

使用不透光物体遮挡光敏电阻器

【3】保持万用表的两表笔不动，使用不透明物体遮住光敏电阻器

【4】结合档位设置（"×1k"欧姆档），观察指针的指示位置，识读当前测量值为14×1kΩ＝14kΩ，正常

图8-36　光敏电阻器的检测方法

光敏电阻器一般没有任何标识，实际检测时，可根据设计应用中所在电路的图样资料了解标称阻值或直接根据光照变化时阻值的变化情况判断性能好坏。

在正常情况下，光敏电阻器应有一个固定阻值，所在环境光线变化时，阻值随之变化，否则多为光敏电阻器异常。

## 8.2.3　湿度传感器的检测

湿敏电阻器是非常常见的湿度传感器，其阻值会随湿度的变化而变化。检测时，可通过改变其环境湿度，进而检测阻值的变化判断其好坏，如图8-37所示。

根据实测结果可对湿敏电阻器的好坏做出判断：

实际检测时，湿敏电阻器的阻值应随着湿度的变化而发生变化；若周围环境的湿度发生变化，湿敏电阻器的阻值无变化或变化不明显，则多为湿敏电阻器感应湿度变化的灵敏度低或性能异常；若实测湿敏电阻器的阻值趋近于零或无穷大，则说明该湿敏电阻器已经损坏；若湿度升高时所测的阻值比正常湿度下所测的阻值大，则表明该湿敏电阻器为正湿度系数湿敏电阻器；若湿度升高时所测的阻值比正常湿度下测的阻值小，则表明该湿敏电阻器为负湿度系数湿敏电阻器。

由上分析可知，在湿度正常和湿度增大的情况下，湿敏电阻器都有一固定值，表明湿敏电阻器基本正常。若湿度变化，阻值不变，则说明该湿敏电阻器的性能不良。在一般情况下，湿敏电阻器若不受外力碰撞，不会轻易损坏。

## 8.2.4　气体传感器的检测

气敏电阻器是常见的一类气体传感器。不同类型气敏电阻器可检测的气体类别不同。检测时，应根据气敏电阻器的具体功能改变其周围可测气体的浓度，同时用万用表检测气敏电阻器，根据数值变化的情况判断好坏。

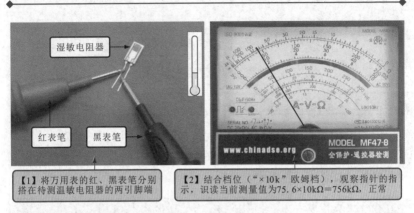

【1】将万用表的红、黑表笔分别搭在待测温敏电阻器的两引脚端

【2】结合档位（"×10k"欧姆档），观察指针的指示，识读当前测量值为75.6×10kΩ=756kΩ，正常

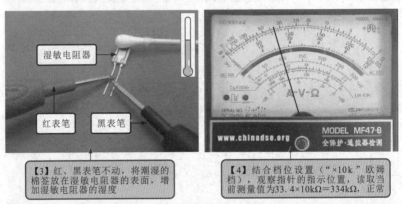

【3】红、黑表笔不动，将潮湿的棉签放在湿敏电阻器的表面，增加湿敏电阻器的湿度

【4】结合档位设置（"×10k"欧姆档），观察指针的指示位置，读取当前测量值为33.4×10kΩ=334kΩ，正常

图8-37　湿敏电阻器的检测方法

扫一扫看视频

　　如图8-38所示，气敏电阻器正常工作需要一定的工作环境，判断气敏电阻器的好坏需要将其置于电路环境中，满足其对气体的检测条件后再检测。

　　在直流供电条件下，气敏电阻器根据敏感气体（这里以丁烷气体为例）浓度的变化，阻值也发生变化，可在电路的输出端（R2端）检测电压的变化进行判断。检测前，首先搭建电路的检测环境。

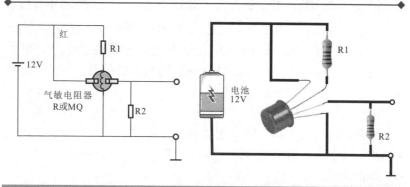

图 8-38　搭建气敏电阻器的检测电路

图 8-39 为在电路环境中检测气敏电阻器的方法。

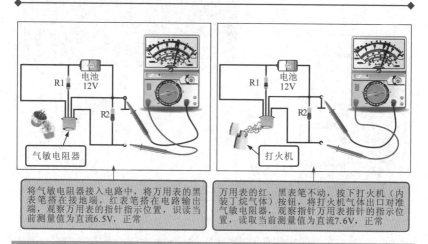

将气敏电阻器接入电路中，将万用表的黑表笔搭在接地端，红表笔搭在电路输出端，观察万用表的指针指示位置，识读当前测量值为直流6.5V，正常

万用表的红、黑表笔不动，按下打火机（内装丁烷气体）按钮，将打火机气体出口对准气敏电阻器，观察指针万用表指针的指示位置，读取当前测量值为直流7.6V，正常

图 8-39　在电路环境中检测气敏电阻器的方法

**要点说明**

　　根据实测结果可对气敏电阻器的好坏做出判断：将气敏电阻器放置在电路中，气敏电阻器检测到气体浓度发生变化时所在电路中的电压参数也应发生变化，否则多为气敏电阻器损坏。

## 8.2.5　霍尔元件的检测

霍尔元件是非常典型的、也是应用最为广泛的一类磁敏传感器。

霍尔传感器一般都具有电源端、信号输出端和接地端。检测时，最有效的方法是用示波器在路检查信号输出端的信号。另外，也可通过万用表测电阻的方法判断其好坏。

根据前述霍尔传感器的工作原理可知，霍尔传感器在其周围磁场发生变化的同时，信号输出端应有信号输出，此时用示波器探头接到该引脚上，观察示波器显示屏，正常时应能够检测到信号波形，如图 8-40 所示。

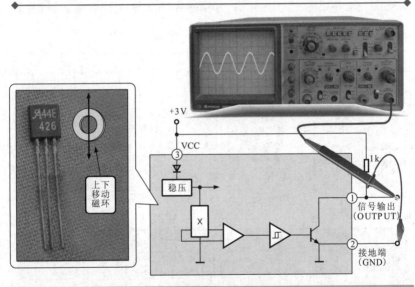

图 8-40　霍尔传感器输出信号的检测

测量电阻值的方法判断霍尔传感器的好坏，是指用万用表测量待测霍尔传感器各引脚之间的电阻值，然后与已知正常的霍尔传感器相对应的测量值相比较判断好坏的方法。具体检测方法如下：

选择万用表的检测量程为"×1k"欧姆档，并进行欧姆调零。接着分别检测两两引脚之间的正、反向电阻值。将万用表黑表笔接电源端（①脚），红表笔接地（②脚），观察万用表读数，约为

40kΩ，如图 8-41 所示。

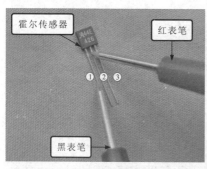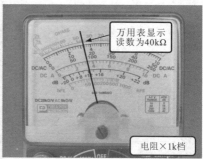

图 8-41　检测①脚和②脚之间的正向阻值

调换表笔重新测量，观察万用表读数，接近无穷大，如图 8-42 所示。

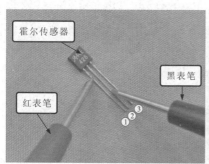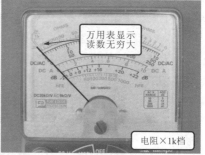

图 8-42　调换表笔测①、②脚之间的反向阻值

其他引脚之间阻值的检测与上述方法相同，在正常情况下，测得该型号霍尔传感器（A44E426）各引脚之间的电阻值见表 8-1，该表可作为重要的参考数据使用。

表 8-1　霍尔传感器（A44E426）各引脚间的电阻值

| 引脚号 | 电阻值/kΩ | 引脚号 | 电阻值/kΩ | 引脚号 | 电阻值/kΩ |
|---|---|---|---|---|---|
| ①② | 40 | ②③ | 8 | ①③ | ∞ |
| ②① | ∞ | ③② | ∞ | ③① | ∞ |

# 第9章
# 集成电路的应用与检测

## 9.1 集成电路的特点与功能应用

### 9.1.1 集成电路的种类特点

集成电路（Integrated Circuits，IC）是将众多电子元器件或众多单元电路全部集成一起，通过特殊工艺制作在半导体材料或绝缘基板上，并封装在特制的外壳中，具备一定功能的完整电路。图 9-1 所示为典型集成电路的实物外形。

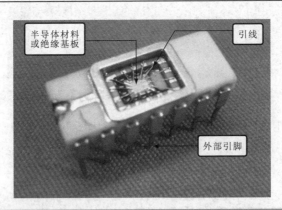

半导体材料或绝缘基板　　引线

外部引脚

图 9-1　典型集成电路的实物外形

集成电路具有体积小、重量轻、性能好、功耗小、电路稳定等特点，它的出现使整机电路简化，安装调整也比较简便，而且可靠性也大大提高，故而集成电路广泛地使用在各种电子电器产品中。

**相关资料**

集成电路的种类很多，且各自有不同的性能特点，不同的划分标准可以有多种具体的分类，其具体分类见表9-1。

表9-1　集成电路具体分类

| 划分标准 | 名　称 | 特　点 |
|---|---|---|
| 按功能分类 | 模拟集成电路 | 模拟集成电路用以产生、放大和处理各种模拟电信号。使用的信号频率范围从直流一直到最高的上限频率，电路内部使用大量不同种类的元器件，结构和制作工艺极其复杂。由于电路功能不同，电路结构、工作原理相对多变。目前，在家电维修中或一般性电子制作中，所遇到的主要是模拟信号，因此接触最多的是模拟集成电路 |
| | 数字集成电路 | 数字集成电路用以产生、放大和处理各种数字电信号，内部电路结构简单，一般可由"与"、"或"、"非"逻辑门构成 |
| 按制作工艺分类 | 半导体集成电路 | 半导体集成电路采用半导体工艺技术，在硅基片上制作包括电阻、电容、晶体管、二极管等元器件构成具有某种电路功能的集成电路 |
| | 膜集成电路 | 膜集成电路是在玻璃或陶瓷片等绝缘物体上，以"膜"的形式制作电阻、电容等无源器件，有厚膜集成电路和薄膜集成电路之分 |
| | 混合集成电路 | 混合集成电路是在无源膜电路上外加半导体集成电路或分立元件的二极管、晶体管等有源器件构成 |
| 按集成度分类 | 小规模集成电路 | 集成 $1 \sim 10$ 等效门/片或 $10 \sim 10^2$ 元件/片的数字电路 |
| | 中规模集成电路 | 集成 $10 \sim 10^2$ 等效门/片或 $10^2 \sim 10^3$ 元件/片的数字电路 |
| | 大规模集成电路 | 集成 $10^2 \sim 10^4$ 等效门/片或 $10^3 \sim 10^5$ 元件/片的数字电路 |
| | 超大规模集成电路 | 集成 $10^4$ 以上等效门/片或 $10^5$ 以上元件/片的数字电路 |

（续）

| 划分标准 | 名　称 | 特　点 |
|---|---|---|
| 按导电<br>类型分类 | 双极性集成电路 | 频率特性好，但功耗较大，而且制作工艺复杂 |
| | 单极性集成电路 | 工作速度低，但输入阻抗高，功耗小，制作工艺<br>简单，易于大规模集成 |

集成电路的种类繁多，功能多样，这里根据集成电路的外形和封装形式的不同，将其分为金属壳封装（CAN）集成电路、单列直插式封装（SIP）集成电路、双列直插式封装（DIP）集成电路、扁平封装（PFP、QPF）集成电路、插针网格阵列封装（PGA）集成电路、球栅阵列封装（BGA）集成电路、无引线塑料封装（PLCC）集成电路、超小型芯片级封装（CSP）集成电路、多芯片模块封装（MCM）集成电路这几种类别，分别对各类集成电路进行简要介绍。

### 1. 金属壳封装集成电路

金属壳封装（CAN）集成电路顾名思义，就是将电路部分封装在金属壳中的方式，如图9-2所示。这种集成电路形状多为金属圆帽形，引脚较少，功能较为单一，安装及代换都十分方便。

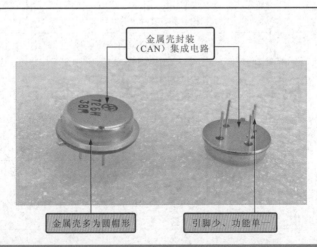

金属壳封装
（CAN）集成电路

金属壳多为圆帽形　　　引脚少、功能单一

图9-2　典型金属壳封装集成电路实物外形

　　金属壳封装集成电路的圆形金属帽上通常会有一个突起来明确引脚①的位置。如图9-3所示，将集成电路引脚朝上，从突起端起，顺时针方向依次对应引脚②、③、④……

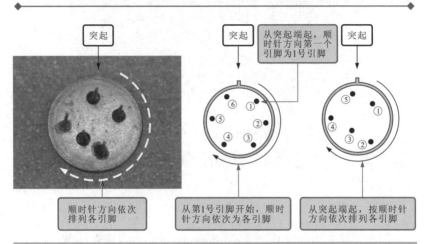

突起

突起

从突起端起，顺时针方向第一个引脚为1号引脚

突起

顺时针方向依次排列各引脚

从第1号引脚开始，顺时针方向依次为各引脚

从突起端起，按顺时针方向依次排列各引脚

图9-3　金属壳封装集成电路的引脚排列

### 2. 单列直插式封装集成电路

　　单列直插式封装（Single In-line Package，SIP）集成电路的引脚只有一列，引脚数较少（3~16只），内部电路相对比较简单。这种集成电路造价较低，安装方便。小型的集成电路多采用这种封装形式。图9-4所示为典型单列直插式封装集成电路实物外形。

　　单列直插式集成电路的左侧有特殊的标志来明确引脚①的位置。如图9-5所示，标志有可能是一个小圆凹坑、一个小缺角、一个小色点、一个小圆点、一个小半圆缺等。有标志一端往往是起始引脚，可以顺着引脚排列的位置，依次对应引脚为②、③、④……

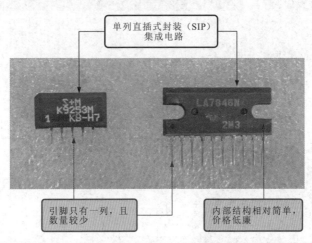

图 9-4　典型单列直插式封装集成电路实物外形

 **3. 双列直插式封装集成电路**

双列直插式封装（Dual Tape Carrier Package, DIP）集成电路的引脚有两列，引脚数一般不超过 100 只，且多为长方形结构，电路结构较为复杂。大多数中小规模集成电路均采用这种封装形式，在家用电子产品中十分常见。图 9-6 所示为典型双列直插式封装集成电路实物外形。

**要点说明**

　　双列直插式集成电路的左侧有特殊的标志来明确引脚①的位置，如图 9-7 所示。一般来讲，标志置于左侧，其下方的引脚就是引脚①，标记的上方往往是最后一个引脚。标记有可能是一个小圆凹坑、一个小色点、条状标记、一个小半圆缺等。引脚①往往是起始引脚，可以顺着引脚排列的位置，依次对应引脚为②、③、④……

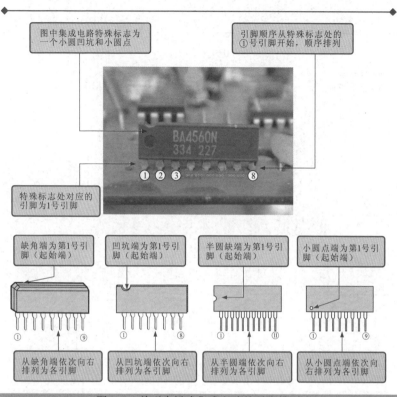

图中集成电路特殊标志为一个小圆凹坑和小圆点

引脚顺序从特殊标志处的①号引脚开始，顺序排列

特殊标志处对应的引脚为1号引脚

缺角端为第1号引脚（起始端）

凹坑端为第1号引脚（起始端）

半圆缺端为第1号引脚（起始端）

小圆点端为第1号引脚（起始端）

从缺角端依次向右排列为各引脚

从凹坑端依次向右排列为各引脚

从半圆端依次向右排列为各引脚

从小圆点端依次向右排列为各引脚

图9-5　单列直插式集成电路的引脚排列

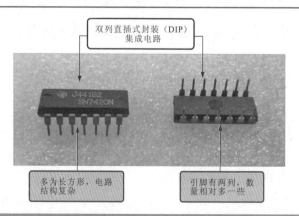

双列直插式封装（DIP）集成电路

多为长方形，电路结构复杂

引脚有两列，数量相对多一些

图9-6　双列直插式封装集成电路实物外形

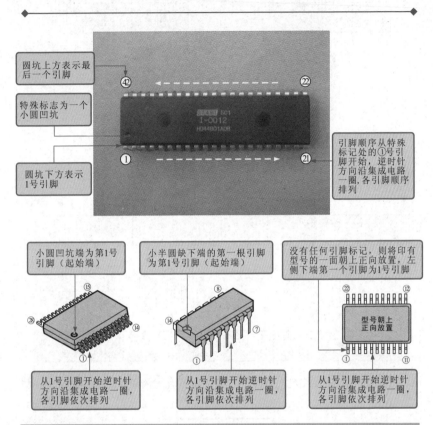

图9-7　双列直插式集成电路的引脚排列

 **4. 扁平封装集成电路**

扁平封装（Plastic Flat Package 或 Quad Flat Package，PFP 或 QFP）集成电路的引脚端子从封装外壳的侧面引出，呈 L 字形，引脚数一般在 100 只以上。芯片引脚很细，引脚之间间隙很小，主要采用表面贴装工艺焊接在电路板上。一般大规模或超大型集成电路都采用这种封装形式。图 9-8 所示为典型扁平封装集成电路实物外形。

　　这种集成电路在数码产品中十分常见，其功能强大，集成度高，体积较小，但检修和更换都较为困难（需使用专业工具）。

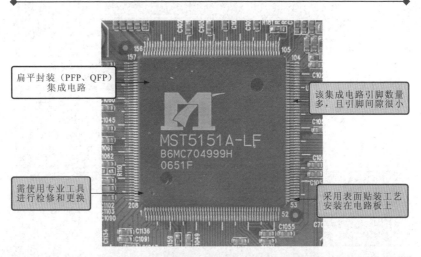

扁平封装（PFP、QFP）集成电路

该集成电路引脚数量多，且引脚间隙很小

需使用专业工具进行检修和更换

采用表面贴装工艺安装在电路板上

图9-8　典型扁平封装集成电路实物外形

 **要点说明**

　　扁平封装型集成电路四周都有引脚，其中位于集成电路的左侧一角有特殊的标志来明确引脚①的位置，如图9-9所示。一般来讲，标志下方的引脚就是引脚①，标志的左侧往往是最后一个引脚。标记有可能是一个小圆凹坑、一个小色点等。引脚①往往是起始引脚，可以顺着引脚排列的位置，依次对应引脚为②、③、④……

### 5. 插针网格阵列封装集成电路

　　插针网格阵列封装（Pin Grid Array，PGA）集成电路在芯片的内外有多个方阵形的插针，每个方阵形插针沿芯片的四周间隔一定距离排列。根据引脚数目的多少，可以围成2～5圈，如图9-10所示。这种集成电路多应用于高智能化的数字产品中，例如计算机的CPU多采用插针网格阵列封装形式。

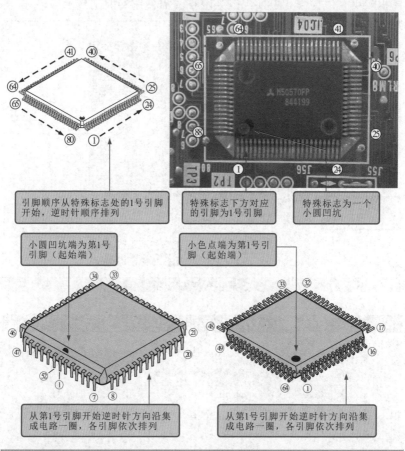

引脚顺序从特殊标志处的1号引脚开始，逆时针顺序排列

特殊标志下方对应的引脚为1号引脚

特殊标志为一个小圆凹坑

小圆凹坑端为第1号引脚（起始端）

小色点端为第1号引脚（起始端）

从第1号引脚开始逆时针方向沿集成电路一圈，各引脚依次排列

从第1号引脚开始逆时针方向沿集成电路一圈，各引脚依次排列

图9-9　扁平封装集成电路的引脚排列

###  6. 球栅阵列封装集成电路

　　球栅阵列封装（Ball Grid Array，BGA）集成电路的引脚为球形端子，而不是用针脚，引脚数一般大于208，采用表面贴装工艺焊接在电路板上。其广泛应用在小型数码产品之中，如新型手机的信号处理集成电路、主板上的南/北桥芯片、计算机 CPU 等。图9-11 所示为典型球栅阵列封装集成电路的实物外形。

插针网格阵列封装（PGA）集成电路

该集成电路引脚数目较多，沿芯片四周间隔一定距离，以方阵形排列

引脚为插针状

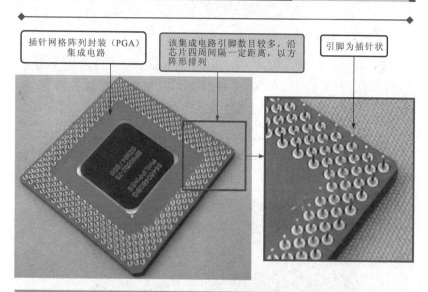

图 9-10　插针网格阵列封装集成电路实物外形

引脚为球形端子，没有针脚，焊接工艺较为复杂且专业

球栅阵列封装（BGA）集成电路

该集成电路属大规模集成电路，引脚数一般大于208

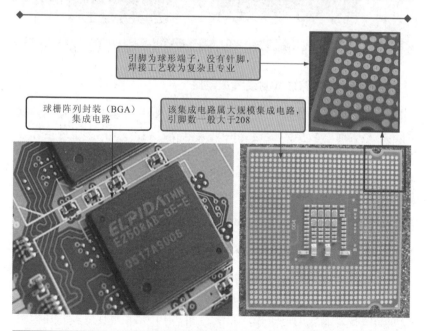

图 9-11　典型球栅阵列封装集成电路实物外形

## 7. 无引线塑料封装集成电路

无引线塑料封装（Plastic Leaded Chip Carrier，PLCC）是指在集成电路的四个侧面都设有电极焊盘而无引脚的表面贴装型封装。图 9-12 所示为典型无引线塑料封装集成电路实物外形。

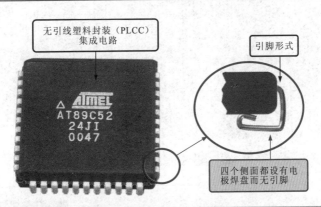

图 9-12　典型无引线塑料封装集成电路实物外形

## 8. 芯片缩放式封装集成电路

芯片缩放式封装（Chip Scale Package，CSP）集成电路是一种采用超小型表面贴装型封装形式的集成电路，它减小了芯片封装外形的尺寸，封装后的集成电路边长不大于内部芯片的 1.2 倍。其引脚都在封装体下面，有球形端子、焊凸点端子、焊盘端子、框架引线端子等多种形式。图 9-13 所示为典型芯片缩放式封装集成电路实物外形。

## 9. 多芯片模块封装集成电路

多芯片模块封装（Multi-chip Module，MCM）集成电路是将多个高集成度、高性能、高可靠性的芯片，在高密度多层互联基板上用表面贴装技术制成的电子模块系统。图 9-14 所示为典型多芯片模块封装集成电路实物外形。

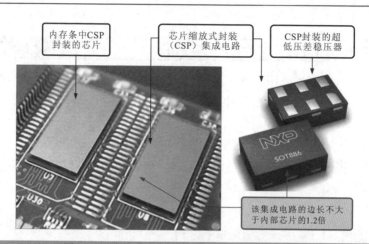

图9-13　典型芯片缩放式封装集成电路实物外形

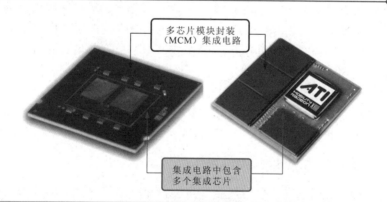

图9-14　典型多芯片模块封装集成电路实物外形

**相关资料**

　　多芯片模块封装集成电路价格昂贵，主要应用于航天和军事领域中。此外，MCM 封装技术也常与其他封装技术（如 DIP、QFP、BGA）相结合，制成一些低成本的集成电路，例如主板上的集成芯片。

## 9.1.2　集成电路的功能应用

集成电路是采用特殊工艺将单元电路的电阻、电容、电感和半导体器件等集成到一个芯片上的电路。它可以将一个单元电路或由多个单元电路构成的组合电路集于一体。小规模集成电路可集成数十个至上百个元器件，中规模集成电路可集成数千个元器件，大规模集成电路可集成数万个元器件，超大规模集成电路可集成几千万个元器件。常见的集成电路有各种放大器、稳压器、信号处理电路、逻辑电路以及微处理器电路等。

### 1. 集成运算放大器的应用

集成运算放大器是常用的电路之一，它可以组成直流/交流信号放大器，也可以组成电压比较器、转换器、限幅器等电路。图 9-15 所示为影碟机中应用的 SF4558 运算放大器作为音频功率放大器的实例。激光头读取光盘信号经放大，解调和解码处理后会恢复出数字音频信号、数字音频信号再经 D/A 变换器变成音频信号，音频信号最后经 SF4558 放大后输出。

图 9-16 所示为彩色电视机中应用的具有放大功能的集成电路作为音频功率放大器。模拟音频信号经音频功率放大器放大后，驱动两个扬声器发声。

### 2. 集成转换器的应用

转换器用来将模拟和数字信号进行相互转换，通常将模拟信号转换为数字信号的集成电路称为 A/D 转换器，将数字信号转换为模拟信号的集成电路称为 D/A 转换器。这些电路根据应用环境也都制成了系列的集成电路。

图 9-17 所示为影碟机中的音频 D/A 转换器。该 D/A 转换器可将输入的数字音频信号转换为模拟音频信号输出，再经音频功率放大器送往扬声器中发出声音。

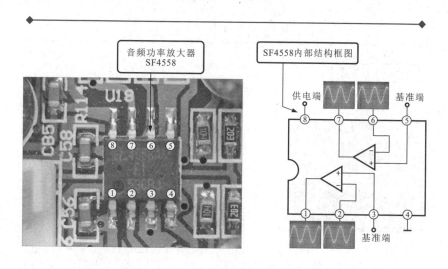

音频功率放大器 SF4558

SF4558内部结构框图

供电端　　　　　基准端

基准端

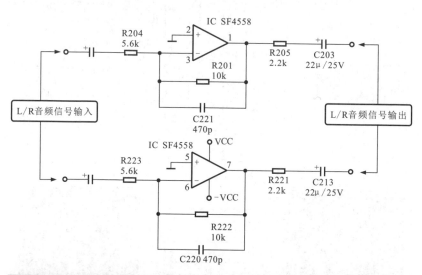

图9-15　影碟机中应用的运算放大器 SF4558
作为音频功率放大器的实例

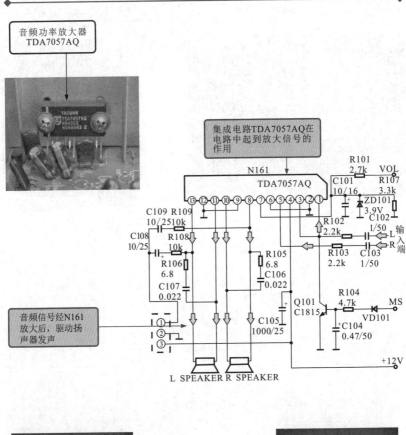

音频功率放大器
TDA7057AQ

集成电路TDA7057AQ在电路中起到放大信号的作用

音频信号经N161放大后，驱动扬声器发声

放大后的音频信号

输入的音频信号

图9-16　彩色电视机中应用的具有放大功能的
集成电路作为音频功率放大器

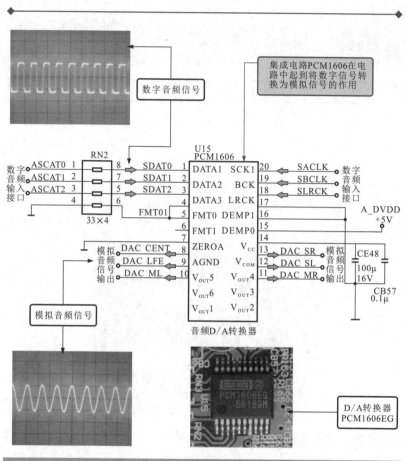

图9-17　影碟机中音频 D/A 转换器

除了上述功能外，集成电路可作为控制器件（微处理器）应用于各种控制电路中，还可作为信号处理器应用于各种信号处理电路中，或作为开关振荡集成电路应用于开关电源电路中。

## 9.2　　集成电路的检测

### 9.2.1　三端稳压器的检测

　　三端稳压器是一种常用的中小功率集成稳压电路，之所以称为三端稳压器，是因为该电路只有三个引脚，即①脚输入端（接整流滤波电路的输出端）、②脚输出端（接负载）与③脚接地。

　　下面以 AN7805 型三端稳压器为例，来介绍其检测方法。如图 9-18 所示为三端稳压器 AN7805 的实物外形图，其引脚功能参数见表 9-2。

图 9-18　三端稳压器 AN7805 的实物外形图

表 9-2　三端稳压器 AN7805 的引脚功能参数

| 引脚序号 | 英文缩写 | 集成电路引脚功能 | 备注 | 电阻参数/kΩ | | 直流电压参数/V |
| --- | --- | --- | --- | --- | --- | --- |
| | | | | 黑表笔接地 | 红表笔接地 | |
| ① | IN | 直流电压输入 | F-2 型 | 8.2 | 3.5 | 8 |
| ② | OUT | 稳压输出 +5V | | 1.5 | 1.5 | 5 |
| ③ | GND | 接地 | | 0 | 0 | 0 |

检测三端稳压器时可在通电的状态下进行，检测时将万用表调至直流 10V 档，然后将黑表笔接地端，用红表笔接三端稳压器的①脚，观察万用表的读数，此时测得三端稳压器输入的直流电压为 8V，正常，如图 9-19 所示。

扫一扫看视频

图 9-19　检测三端稳压器输入的电压值

然后对三端稳压器②脚输出的直流电压进行检测，检测时将万用表的黑表笔接地端，用红表笔接三端稳压器的②脚，观察万用表的读数，此时测得三端稳压器输出的直流电压为 5V，正常，如图 9-20 所示。

图 9-20　检测三端稳压器输出端的电压值

对检测数值进行判断，若三端稳压器输入的直流电压正常，而输出的电压不正常，则说明本身可能损坏。

## 9.2.2 运算放大器的检测

运算放大器是电子产品中应用比较广泛的一类集成电路,下面以电磁炉中的 LM324 型运算放大器为例,介绍运算放大器的检测方法。图 9-21 所示为 LM324 型运算放大器的实物外形图,其引脚功能和参数见表 9-3。

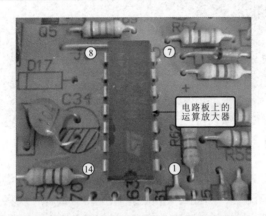

电路板上的运算放大器

图 9-21　LM324 型运算放大器的实物外形图

表 9-3　LM324 型运算放大器的引脚功能和参数

| 引脚序号 | 英文缩写 | 集成电路引脚功能 | 电阻参数/kΩ | | 直流电压参数/V |
|---|---|---|---|---|---|
| | | | 黑表笔接地 | 红表笔接地 | |
| ① | AMP OUT1 | 放大信号(1)输出 | 0.38 | 0.38 | 1.8 |
| ② | IN1 − | 反相信号(1)输入 | 6.3 | 7.6 | 2.2 |
| ③ | IN1 + | 同相信号(1)输入 | 4.4 | 4.5 | 2.1 |
| ④ | VCC | 电源 +5V | 0.31 | 0.22 | 5 |
| ⑤ | IN2 + | 同相信号(2)输入 | 4.7 | 4.7 | 2.1 |
| ⑥ | IN2 − | 同相信号(2)输入 | 6.3 | 7.6 | 2.1 |
| ⑦ | AMP OUT2 | 放大信号(2)输出 | 0.38 | 0.38 | 1.8 |
| ⑧ | AMP OUT3 | 放大信号(3)输出 | 6.7 | 23 | 0 |
| ⑨ | IN3 − | 反相信号(3)输入 | 7.6 | ∞ | 0.5 |

（续）

| 引脚序号 | 英文缩写 | 集成电路引脚功能 | 电阻参数/kΩ | | 直流电压参数/V |
| --- | --- | --- | --- | --- | --- |
| | | | 黑表笔接地 | 红表笔接地 | |
| ⑩ | IN3 + | 同相信号（3）输入 | 7.6 | ∞ | 0.5 |
| ⑪ | GND | 接地 | 0 | 0 | 0 |
| ⑫ | IN4 + | 同相信号（4）输入 | 7.2 | 17.4 | 4.6 |
| ⑬ | IN4 - | 反相信号（4）输入 | 4.4 | 4.6 | 2.1 |
| ⑭ | AMP OUT4 | 放大信号（4）输出 | 6.3 | 6.8 | 4.2 |

首先对运算放大器各引脚的电压进行检测，在通电状态下进行，检测时需将万用表调至直流 10V 档，然后将黑表笔接地，红表笔分别接各个引脚，如图 9-22 所示。

红表笔

万用表显示读数为2.1V

图 9-22　检测运算放大器各引脚电压值

将所测各引脚的电压值与上表对比，在供电电压正常的情况下，如某些引脚的电压值与标准值有差异，则说明该电路已经损坏。

此外，还可以用检测运算放大器各个引脚正向和反向对地阻值的方法来判断该集成电路的好坏，其具体检测数值参照上表。

## 9.2.3　音频放大器的检测

音频放大器也是比较常用的一种交流信号放大集成电路，下面以 TDA7057AQ 型音频放大器为例，来介绍交流放大器的检测方法。

如图9-23所示为TDA7057AQ型音频放大器的实物外形,该集成电路为典型的交流放大器,由于工作频率较高,通常安装在散热片上,其引脚功能和检测参数见表9-4。

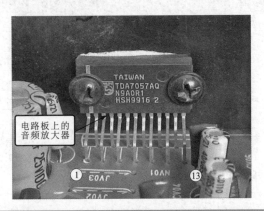

图9-23    TDA7057AQ型音频功率放大器的实物外形

表9-4    TDA7057AQ型音频放大器的引脚功能和检测参数

| 引脚序号 | 英文缩写 | 集成电路引脚功能 | 电阻参数/kΩ | | 直流电压参数/V |
| --- | --- | --- | --- | --- | --- |
| | | | 黑表笔接地 | 红表笔接地 | |
| ① | L VOL CON | 左声道音量控制信号 | 0.78 | 0.78 | 0.5 |
| ② | NC | 空脚 | ∞ | ∞ | 0 |
| ③ | LIN | 左声道音频信号输入 | 27 | 12 | 2.4 |
| ④ | VCC | 电源+12V | 40.2 | 5 | 12 |
| ⑤ | RIN | 右声道音频信号输入 | 150 | 11.4 | 2.5 |
| ⑥ | GND | 接地 | 0 | 0 | 0 |
| ⑦ | R VOL CON | 右声道音量控制信号 | 0.78 | 0.78 | 0.5 |
| ⑧ | R OUT | 右声道音频信号输入 | 30.1 | 8.4 | 5.6 |
| ⑨ | GND | 接地(功放电路) | 0 | 0 | 0 |
| ⑩ | R OUT | 右声道音频信号输出 | 30.1 | 8.4 | 5.6 |
| ⑪ | L OUT | 左声道音频信号输出 | 30.2 | 8.4 | 5.7 |
| ⑫ | GND | 接地 | 0 | 0 | 0 |
| ⑬ | L OUT | 左声道音频信号输入 | 30.1 | 8.4 | 5.7 |

首先检测音频放大器 TDA7057AQ 的④脚 12V 供电电压，检测时需将模拟万用表调至直流 50V 档，然后将黑表笔接地端，用红表笔搭在④脚上，如图 9-24 所示。此时检测的供电电压为 +12V，正常。

图 9-24　检测音频放大器 TDA7057AQ 的供电电压

然后对音频放大器 TDA7057AQ 各引脚的正向和反向对地阻值进行检测，将其断电后检测音频放大器的正向阻值，检测时需将万用表调至电阻 "×1k" 档，然后用黑表笔接地端，用红表笔分别接各个引脚，如图 9-25 所示。观察万用表的读数，如③脚对地阻值为 27kΩ。

图 9-25　检测音频放大器 TDA7057AQ 的正向对地阻值

检测音频放大器 TDA7057AQ 的反向对地阻值，检测时将红表笔接地端，用黑表笔分别接音频放大器的各个引脚，如图9-26所示。如检测③脚时万用表显示的读数为12kΩ，正常。

图9-26　检测音频放大器TDA7057AQ的反向对地阻值

## 9.2.4　开关振荡集成电路的检测

图9-27所示为开关振荡集成电路KA3842的实物外形图，其引脚功能和检测参数见表9-5。对于开路状态下的集成电路，无法检测其电压值，但可以通过检测其引脚端的正向和反向对地阻值来判断好坏。

图9-27　开关振荡集成电路KA3842的实物外形图

表 9-5    开关振荡集成电路 KA3842 的引脚功能和检测参数

| 引脚<br>序号 | 英文<br>缩写 | 集成电路<br>引脚功能 | 电阻参数/kΩ | | 直流电压<br>参数/V |
|---|---|---|---|---|---|
| | | | 黑表笔<br>接地<br>（正向阻值） | 红表笔<br>接地<br>（反向阻值） | |
| ① | ERROR OUT | 误差信号输出 | 15 | 8.9 | 2.1 |
| ② | IN – | 反相信号输入 | 10.5 | 8.4 | 2.5 |
| ③ | NF | 反馈信号输入 | 1.9 | 1.9 | 0.1 |
| ④ | OSC | 振荡信号 | 11.9 | 8.9 | 2.4 |
| ⑤ | GND | 接地 | 0 | 0 | 0 |
| ⑥ | DRIVER OUT | 激励信号输出 | 14.4 | 8.4 | 0.7 |
| ⑦ | VCC | 电源 +14V | ∞ | 5.4 | 14.5 |
| ⑧ | VREF | 基准电压 | 3.9 | 3.9 | 5 |

　　将指针万用表调至"×1k"欧姆档，然后用黑表笔接地端，用红表笔接各个引脚（以③脚为例），检测开关振荡集成电路 KA3842 的正向对地阻值，如图 9-28 所示。观察万用表的读数，此时显示的数值为 1.9kΩ，与标准值相同。

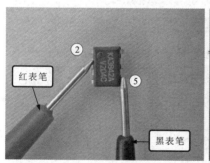

图 9-28    检测开关振荡集成电路 KA3842 的正向对地阻值

　　检测开关振荡集成电路的反向阻值时，需将红表笔接地端，用黑表笔接触开关振荡集成电路的各个引脚。对检测的数值进行判断，若实测值与标准值相同或相近，则说明该电路正常；若实测值与标准值相差太大，则可能是集成电路本身已经损坏。

## 9.2.5　微处理器的检测

微处理器（CPU）是一种大规模的集成电路，其内部结构比较复杂，功能也比较强大，一般在具有自动控制功能的家电产品中都有微处理器，例如彩色电视机、影碟机、空调器等，它们的型号不同，引脚数不同，其中运行的软件也不相同，但基本检测方法是相同的。图9-29所示为典型微处理器P87C52的实物外形图，它是整个电路的控制中心，其引脚功能和检测参数见表9-6。

图9-29　典型微处理器P87C52的实物外形图

表9-6　微处理器 P87C52 的引脚功能和检测参数

| 引脚序号 | 英文缩写 | 集成电路引脚功能 | 电阻参数/kΩ | | 直流电压参数/V |
| --- | --- | --- | --- | --- | --- |
| | | | 反向阻值 | 正向阻值 | |
| ① | HSEL0 | 地址选择信号（0）输出 | 9.1 | 6.8 | 5.4 |
| ② | HSEL1 | 地址选择信号（1）输出 | 9.1 | 6.8 | 5.5 |
| ③ | HSEL2 | 地址选择信号（2）输出 | 7.2 | 4.6 | 5.3 |
| ④ | DS | 主数据信号输出 | 7.1 | 4.6 | 5.3 |
| ⑤ | R/W | 读写控制信号 | 7.1 | 4.6 | 5.3 |
| ⑥ | CFLEVEL | 状态标志信号输入 | 9.1 | 6.8 | 0 |
| ⑦ | DACK | 应答信号输入 | 9.1 | 6.8 | 5.5 |
| ⑧ | RESET | 复位信号 | 9.1 | 6.8 | 5.5 |

（续）

| 引脚序号 | 英文缩写 | 集成电路引脚功能 | 电阻参数/kΩ | | 直流电压参数/V |
|---|---|---|---|---|---|
| | | | 反向阻值 | 正向阻值 | |
| ⑨ | RESET | 复位信号 | 2.3 | 2.2 | 0.2 |
| ⑩ | SCL | 时钟线 | 5.8 | 5.2 | 5.5 |
| ⑪ | SDA | 数据线 | 9.2 | 6.6 | 0 |
| ⑫ | INT | 中断信号输入/输出 | 5.8 | 5.6 | 5.5 |
| ⑬ | REM IN – | 遥控信号输入 | 9.2 | 5.8 | 5.4 |
| ⑭ | DSA CLK | 时钟信号输入/输出 | 9.2 | 6.6 | 0 |
| ⑮ | DSA DATA | 数据信号输入/输出 | 5.4 | 5.3 | 5.3 |
| ⑯ | DSA ST | 选通信号输入/输出 | 9.2 | 6.6 | 5.5 |
| ⑰ | OK | 卡拉OK信号输入 | 9.2 | 6.6 | 5.5 |
| ⑱ | XTAL | 晶体振荡器（12MHz） | 9.2 | 5.3 | 2.7 |
| ⑲ | XTAL | 晶体振荡器（12MHz） | 9.2 | 5.2 | 2.5 |
| ⑳ | GND | 接地 | 0 | 0 | 0 |
| ㉑ | VFD ST | 屏显选通信号输入/输出 | 8.6 | 5.5 | 4.4 |
| ㉒ | VFD CLK | 屏显时钟信号输入/输出 | 8.6 | 6.2 | 5.3 |
| ㉓ | VFD DATA | 屏显数据信号输入/输出 | 9.2 | 6.7 | 1.3 |
| ㉔ | P23 | 未使用 | 9.2 | 6.6 | 5.5 |
| ㉕ | P24 | 未使用 | 9.2 | 6.6 | 5.5 |
| ㉖ | MIN IN | 话筒检测信号输入 | 9.2 | 6.6 | 5.5 |
| ㉗ | P26 | 未使用 | 9.2 | 6.7 | — |
| ㉘ | YH CS | 片选信号输出 | 9.2 | 6.6 | 5.5 |
| ㉙ | PSEN | 使能信号输出 | 9.2 | 6.6 | 5.5 |
| ㉚ | ALE/PROG | 地址锁存使能信号（编程脉冲信号输出/输入） | 9.2 | 6.7 | 1.7 |
| ㉛ | EANP | 使能信号 | 1.6 | 1.6 | 5.5 |
| ㉜ | P07 | 主机数据信号（7）输出/输入 | 9.5 | 6.8 | 0.9 |
| ㉝ | P06 | 主机数据信号（6）输出/输入 | 9.3 | 6.7 | 0.9 |
| ㉞ | P05 | 主机数据信号（5）输出/输入 | 5.4 | 4.8 | 5.2 |

（续）

| 引脚序号 | 英文缩写 | 集成电路引脚功能 | 电阻参数/kΩ | | 直流电压参数/V |
|---|---|---|---|---|---|
| | | | 反向阻值 | 正向阻值 | |
| ㉟ | P04 | 主机数据信号（4）输出/输入 | 9.3 | 6.8 | 0.9 |
| ㊱ | P03 | 主机数据信号（3）输出/输入 | 6.9 | 4.8 | 5.2 |
| ㊲ | P02 | 主机数据信号（2）输出/输入 | 9.3 | 6.7 | 1 |
| ㊳ | P01 | 主机数据信号（1）输出/输入 | 9.3 | 6.7 | 1 |
| ㊴ | P00 | 主机数据信号（0）输出/输入 | 9.3 | 6.7 | 1 |
| ㊵ | VCC | 电源 +5.5V | 1.6 | 1.6 | 5.5 |

　　检测微处理器时，应首先检测该集成电路的供电电压，由引脚功能表可知，该微处理器的㊵脚为 +5.5V 供电端。检测时需将指针万用表的量程调至直流 10V 档，用黑表笔接地端，用红表笔接触供电端㊵脚，如图 9-30 所示。正常时测得的供电电压应为 5.5V，若供电电压不正常，则应检查电源供电电路。

图 9-30　检测微处理器的供电电压

　　在供电电压正常的情况下，再检测微处理器⑰脚和⑱脚的晶振信号波形，需使用示波器进行检测，检测时需将示波器的接地夹接地端，用探头分别搭在这两个引脚上，如图9-31所示。正常情况下应显示晶振信号的波形，若该波形不正常，则应对晶体进行更换。

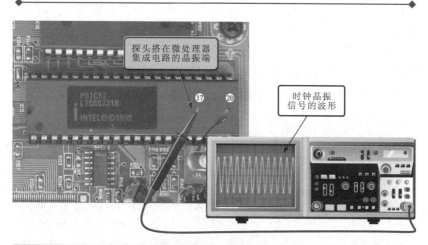

图9-31　检测微处理器的晶振信号

若供电电压和晶振信号都正常，则应对微处理器各个引脚的正向和反向对地电阻值进行检测，具体检测方法在前面已经介绍，在此不再复述。将检测结果与表中所列的数值进行比较，若相差较大，则证明该集成电路已经损坏。

## 9.3　集成电路的选用代换

### 9.3.1　集成电路的选用

 **1. 集成电路的代换原则**

集成电路的代换原则是指在代换之前，要保证代换集成电路的规格符合产品要求，在代换过程中，注意安全，防止造成二次故障，力求代换后的集成电路能够良好、长久、稳定的工作。

● 使用同一型号的集成电路代换一般是可靠的，安装集成电路时，要注意方向不要搞错，否则通电时集成电路很可能被烧毁。

● 使用不同型号的集成电路进行代换时，要求相互间的引脚功能完全相同，其内部电路和电参数稍有差异，也可相互直接代换。

集成电路的种类和型号较多，不同种类的集成电路的参数也不一样，因此电路中的集成电路出现损坏时，最好选用同型号的集成电路进行代换，此外还需了解不同种类集成电路的适用电路和选用注意事项，见表9-7。

表9-7　集成电路适用电路和选用注意事项

| 类型 | | 适用电路 | 选用注意事项 |
|---|---|---|---|
| 模拟集成电路 | 三端稳压器 | 各种电子产品的电源稳压电路中 | ● 集成电路进行选用时需严格根据电路要求进行，各种电子产品都用不同的电路组成的，各部分电路功能不同，要求不同，例如电源电路，是选用串联型还是开关型，输出电压是多少，输入电压是多少等都是选择时需要重点考虑的<br><br>● 选用集成电路时需要首先了解集成电路的各种性能，重点考虑其类型、参数、引脚排列等是否符合应用电路要求<br><br>● 选用集成电路时首先应查阅相关集成电路的有关资料了解各引脚功能，应用环境、工作温度等可能影响到的因素是否符合要求<br><br>● 根据不同的应用环境，应选用不同的封装形式，即使参数功能完全相同，也应视实际情况而定<br><br>● 所选用集成电路的尺寸应符合应用电路需求<br><br>● 所选用集成电路的基本工作条件，如工作电压、功耗、最大输出功率等主要参数应符合电路要求 |
| | 集成运算放大器 | 放大、振荡、电压比较、模拟运算、有源滤波等电路中 | |
| | 时基集成电路 | 信号发生、波形处理、定时、延时等电路 | |
| | 音频信号处理集成电路 | 各种音像产品中的声音处理电路中 | |
| 数字集成电路 | 门电路 | 数字电路 | |
| | 触发器 | 数字电路 | |
| | 存储器 | 数码产品电路 | |
| | 微处理器 | 各种电子产品的系统控制电路 | |
| | 编程器 | 程控设备 | |

**2. 集成电路的拆装方式**

由于集成电路的形态各异，安装方式也不相同，因此在对集成电路进行代换时一定要注意方式方法。要根据电路特点以及集成电路自身特性来选择正确、稳妥的代换方法。通常，集成电路都是采用焊装的形式固定在电路板上。从焊装的形式上看，主要可以分为表面贴装和插接焊装两种形式。

对于表面贴装的集成电路，其引脚普遍较小，这类集成电路常用于数码产品的电路中，在拆焊和焊接时，最好使用热风焊枪和镊子进行操作，如图9-32所示。

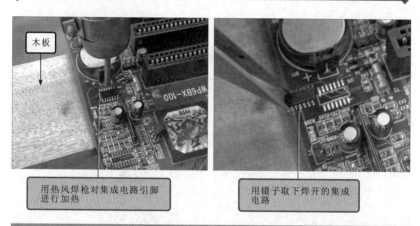

图9-32　表面贴装集成电路的拆焊方法

对于插接焊装的集成电路，其引脚通常会穿过电路板，在电路板的另一面（背面）进行焊接固定，这种方式也是应用最广的一种安装方式，在对这类集成电路进行代换时，通常使用普通电烙铁和吸锡器即可，如图9-33所示。

有些集成电路采用无引线塑料封装（PLCC），以插座形式安装在电路板上，在拆焊该类的集成电路时，可使用专用的起拔器进行操作，如图9-34所示。注意拆解时不要太用力，以免损坏集成电路的插座。

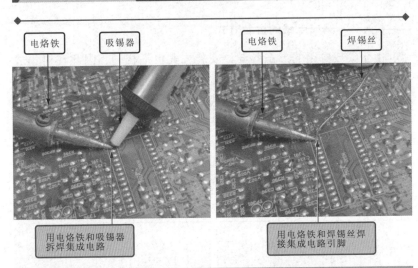

图 9-33　插接焊装集成电路的拆焊和焊接方法

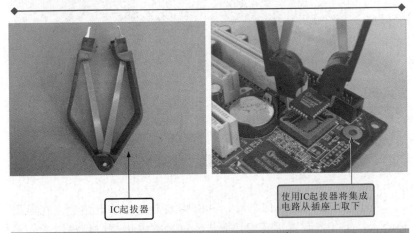

图 9-34　拆解插接式的集成电路

**要点说明**

在进行拆焊之前，应首先对操作环境进行检查，确保操作环境的干燥、整洁，确保操作平台稳固、平整，确保电路板（或设备）处于断电、冷却状态。

　　在进行操作前，操作者应对自身进行放电，以免静电击穿电路板上的元器件，放电后即可使用拆焊工具对电路板上的集成电路进行拆焊操作。

　　拆焊时，应确认集成电路引脚处的焊锡彻底清除，才能小心地将集成电路从电路板中取下。取下时，一定要谨慎，若在引脚焊点处还有焊锡粘连的现象，应再用电烙铁及时进行清除，直至将待更换集成电路稳妥取下，切不可硬拔。

　　拆下后，用酒精对焊孔进行清洁，若电路板上有未去除的焊锡，可用平头电烙铁刮平电路板焊点上的焊锡，为焊装集成电路做好准备。

　　在对集成电路进行焊装时，要保证焊点整齐、漂亮，不能有连焊、虚焊等现象，以免造成元器件的损坏。

　　在电烙铁加热后，可以在电烙铁上蘸一些松香，再进行焊接，使焊点不容易氧化。

## 9.3.2　集成电路的代换

　　集成电路一般采用表面贴装和插接焊装两种方式焊接在电路板上，因此在对其进行代换时，应根据其安装方式的不同，采用不同的拆焊和焊接方法。

 **1. 插接焊装的集成电路代换方法**

　　对插接焊装的集成电路进行代换时，应采用电烙铁、吸锡器和焊锡丝进行拆焊和安装操作。对电烙铁通电预热后，再配合吸锡器、焊锡丝等进行拆焊和焊接操作，如图9-35所示。

 **2. 表面贴装的集成电路代换方法**

　　对于表面贴装的集成电路，则需使用热风焊枪、镊子等进行拆焊和焊装。将热风焊枪的温度调节旋钮调至5~6档，将风速调节旋钮调至4~5档，打开电源开关进行预热，然后再进行拆焊和焊装的操作，如图9-36所示。

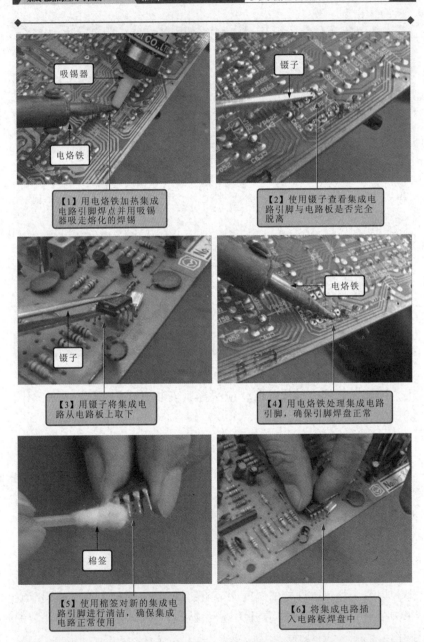

图 9-35　插接焊装的集成电路代换方法

焊锡丝

电烙铁

【7】使用电烙铁将焊锡丝熔化在集成电路的引脚上，待熔化后先抽离焊锡丝，再抽离电烙铁

【8】用镊子清理两焊点之间残留的焊锡，以免造成连焊现象

图9-35　插接焊装的集成电路代换方法（续）

热风焊枪

镊子

【1】用热风焊枪对集成电路的引脚焊点进行均匀加热，使全部引脚受热均匀

【2】待焊锡熔化后，用镊子快速地将其从电路板上取下

电烙铁

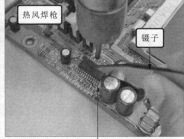

热风焊枪

镊子

【3】主电路板上的引脚焊点处焊锡过多，使用电烙铁将焊盘刮平

【4】选择同型号的集成电路进行代换，将集成电路的引脚对准主电路板上的焊点，用镊子按住，然后用热风焊枪均匀加热，待焊锡熔化后即可将集成电路焊接在电路板上

图9-36　表面贴装集成电路的拆焊和安装方法

# 第 10 章
# 常用电气部件的应用与检测

## 10.1　保险元件的应用与检测

### 10.1.1　保险元件的功能应用

保险元件是一种安装在电路中以保证电路安全运行的一种元器件，在电子产品中保险元件主要是起过电流保护的作用，当电流过大时它会自动熔断，起到保护电子产品的作用，如图 10-1 所示。

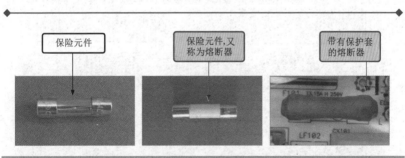

保险元件

保险元件，又称为熔断器

带有保护套的熔断器

图 10-1　保险元件的实物外形

在电子产品中，保险元件多用在电视机、显示器、电磁炉、微波炉等电子产品的开关电源电路中，用以保证电路的安全运行，如图 10-2 所示。

图 10-3 所示为保险元件在彩色电视机中实现的功能。

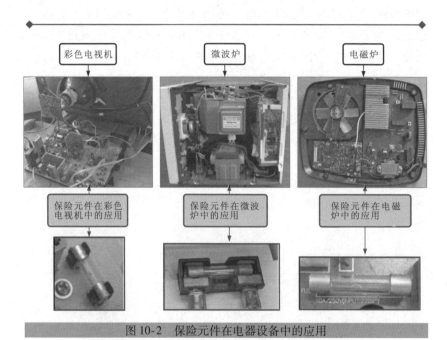

图 10-2 　保险元件在电器设备中的应用

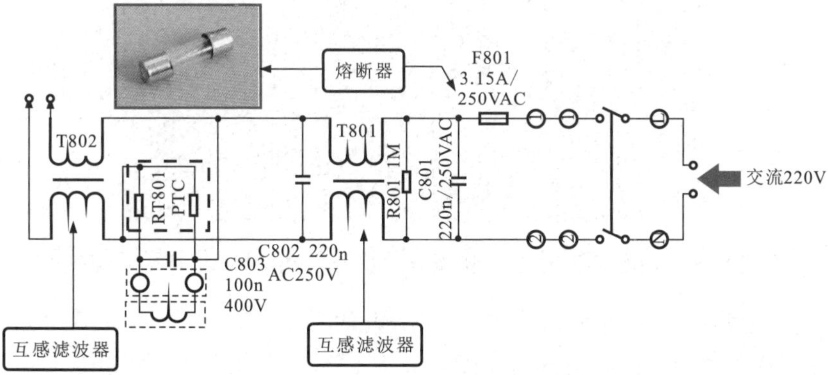

图 10-3 　保险元件在彩色电视机中实现的功能

　　由图 10-3 可知，熔断器 F801 是彩色电视机交流输入电路中的保险元件。交流 220V 市电经输入插件送入电视机，熔断器 F801 起保护作用，交流电压经 F801 后，再经滤波电容 C801 ~ C803 以及互感滤波器 T801、T802 滤波后再送往整流电路。若整机电流过大，熔断器 F801 熔断，切断供电电源，对电路进行保护。

## 10.1.2　保险元件的检测

当保险元件工作电压或电流超过其最大限制时，便不能正常工作，甚至有可能将其烧坏，所以对保险元件的检测是非常重要的。

对于保险元件的检测，主要是通过万用表对保险元件阻值的测量来判别保险元件是否良好。图 10-4 所示为待测保险元件的实物外形。

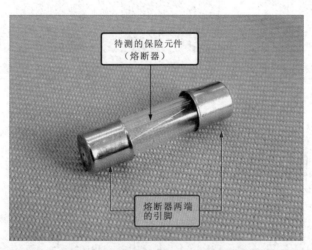

图 10-4　待测保险元件的实物外形

检测保险元件前，应先对万用表的量程调整和欧姆调零，如图 10-5 所示，然后再进行检测。

接下来，将万用表的表笔分别搭在保险元件的两引脚端，如图 10-6 所示。正常情况下，保险元件的阻值应很小或趋于零，若检测的阻值为无穷大，则表明保险元件本身损坏。

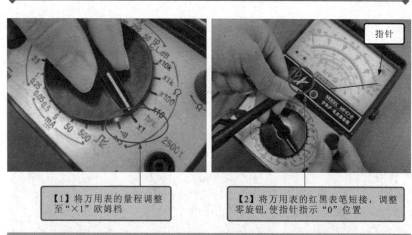

【1】将万用表的量程调整至"×1"欧姆档

【2】将万用表的红黑表笔短接，调整零旋钮，使指针指示"0"位置

指针

图 10-5　检测前万用表的调整

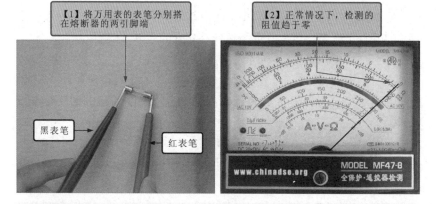

【1】将万用表的表笔分别搭在熔断器的两引脚端

【2】正常情况下，检测的阻值趋于零

黑表笔

红表笔

图 10-6　保险元件的检测方法

## 10.2　按钮的应用与检测

### 10.2.1　按钮的功能应用

按钮一般指用来控制仪器、仪表的工作状态或对多个电路进行切换的部件，该部件可以在开和关两种状态下相互转换，图10-7所示为按钮的实物外形。

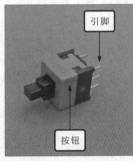
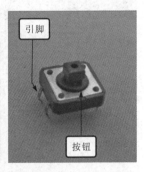

图10-7　按钮的实物外形

目前很多电子产品的电源电路中都有开关部件的存在，用于接通和切断电源，图10-8所示为按钮在电子产品中的应用。

按钮的种类较多，不同类型的按钮结构存在差异，所实现的功能也各不相同。例如，有些起到开/关作用，有些起转换作用，有些起调节作用。图10-9所示为按钮在彩色电视机电源电路中实现的功能。

由图10-9可知，按下按钮S801后，其处于闭合状态，电路即可导通，交流220V市电便会经熔断器F801送入电源电路，完成整流、滤波等一系列处理。

### 10.2.2　按钮的检测

按钮的检测通常是检测其在不同工作状态下的阻值是否正常，

如图 10-10 所示。在未按动触点的状态下，将万用表的一支表笔搭在开关的②脚；另一支表笔搭在③脚，正常情况下，万用表检测到的阻值为无穷大。

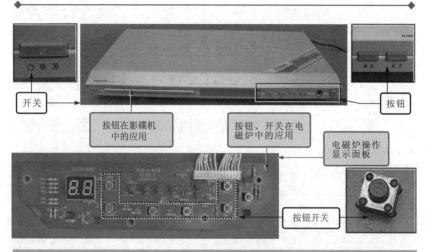

图 10-8　按钮在电子产品中的应用

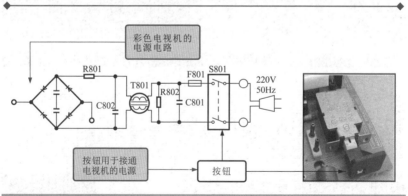

图 10-9　按钮在彩色电视机电源电路中实现的功能

　　接下来，将万用表的一支表笔搭在开关的①脚；另一支表笔搭在③脚，按动按钮的触点使其处于接通的状态，如图 10-11 所示。正常情况下，万用表的指针有一个摆动并指向很小的阻值或为零，若万用表的指针没有发生变化，则表明该按钮损坏。

将万用表的量程调整至"×1k"欧姆档

图 10-10　按钮的检测方法一

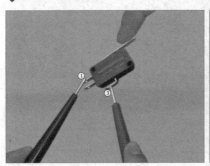

保持万用表的量程不变

图 10-11　按钮的检测方法二

## 10.3　电声部件的应用与检测

### 10.3.1　扬声器的应用与检测

　　扬声器俗称喇叭，是音响系统中不可或缺的重要器件，所有的音乐都是通过扬声器发出声音，传到人耳的。它是一种能够将电信号转换为声波的电声器件，图 10-12 所示为常见扬声器的实物外形及典型应用。

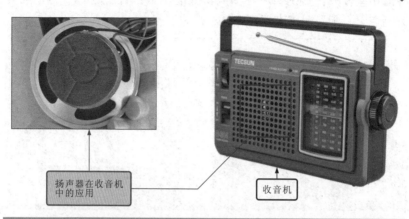

扬声器在收音机中的应用

收音机

图 10-12　常见扬声器的实物外形及典型应用

　　检测扬声器是否正常时，可使用万用表检测扬声器的阻值进行判断。在检测前，应先了解待测扬声器的标称电阻值，为扬声器的检测提供参照标准，如图 10-13 所示。

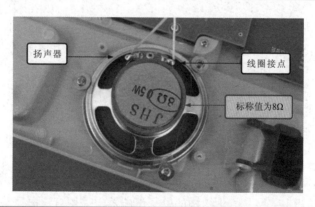

扬声器

线圈接点

标称值为8Ω

图 10-13　待测扬声器的标称电阻值

　　根据扬声器的标称值，可知该扬声器的阻值为8Ω，接下来，使用万用表对其进行检测，如图 10-14 所示，将万用表的两表笔搭在扬声器的线圈接点端，并读取检测的阻值。

　　正常情况下，扬声器的实测数近似于标称值；若实测数值与标称值相差较大，则说明所测扬声器性能不良；若所测阻值为零或者为无穷大，则说明扬声器已损坏，需要更换。

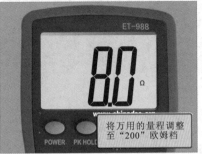

将万用的量程调整至"200"欧姆档

图 10-14　扬声器的检测方法

### 要点说明

　　在检测扬声器时，也有很多在表面上没有标识有阻值，那该怎么判断扬声器的好坏呢？

　　通常，如果扬声器性能良好，在检测时，将万用表的一只表笔搭在扬声器的一个端子上，当另一只表笔触碰扬声器的另一个端子时，扬声器会发出"咔咔"声，如果扬声器损坏，则不会有声音发出，这一点在检测判别故障时十分有效。此外，扬声器出现线圈粘连或卡死等情况时用万用表是无法判别的，必须试听音响效果才能判别。

## 10.3.2　蜂鸣器的应用与检测

　　蜂鸣器是一种一体化结构的电子讯响器，采用直流电压或脉冲供电，将电信号转换成声音信号的一种电声转换器件，广泛应用于计算机、打印机、复印机、电磁炉、电子玩具、汽车电子设备、定时器等电子产品中。图 10-15 所示为常见蜂鸣器的实物外形及典型应用。

　　检测蜂鸣器是否正常时，可使用万用表检测蜂鸣器的阻值进行判断。在检测前，应先了解蜂鸣器引脚的正负极，为检测提供方便。

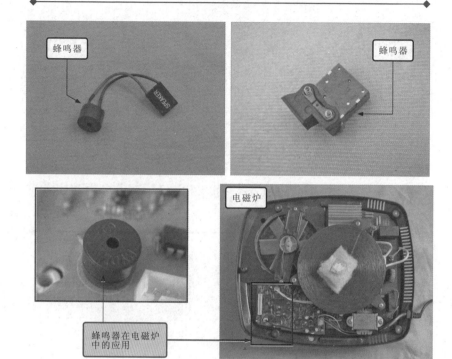

图 10-15　常见蜂鸣器的实物外形及典型应用

　　图 10-16 所示为蜂鸣器的检测方法，将万用表的黑表笔搭在蜂鸣器的负极引脚上，红表笔搭在蜂鸣器的正极引脚上，正常情况下，蜂鸣器应有一个固定值，且表笔接触检测的一瞬间蜂鸣器会发出"吱吱"的声响；若测得的阻值为无穷大、零或检测时未发出声响，则说明蜂鸣器已损坏。

## 10.3.3　话筒的应用与检测

　　话筒是一种将声波转换成电信号的电声器件，通常也可称为传声器、送话器或麦克风（MIC）。话筒主要是拾音，在声场中把声波检测出来，变成电信号，因此广泛应用于电话机、手机以及一些通信设备中，如图 10-17 所示。

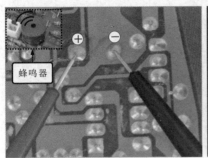

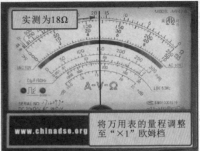

实测为18Ω

将万用表的量程调整至"×1"欧姆档

图 10-16　蜂鸣器的检测方法

话筒在智能手机中的应用

话筒在通信设备中用于收集声波

图 10-17　话筒的实际应用

### 要点说明

话筒是把声波进行收集，那它是怎么把声音信号转换成电信号的呢？

话筒主要是把声波检测出来，变成电信号，以便放大、记录、传输等处理，图 10-18 所示为一种话筒（动圈式话筒）的工作原理示意图。当有声源对着话筒（传声器）发出声音时，音膜就随着声音前后颤动，从而带动音圈在磁场中作切割磁力线的运动。根据电磁感应原理，在线圈两端就会产生感应音频电动势，可将其转换成电流输出从而完成了声电转换。

检测话筒是否正常时，可使用万用表检测话筒的阻值进行判断，如图 10-19 所示。正常情况下，万用表应有一定的阻值，此时，如果对话筒吹气，万用表的指针会摆动，则说明话筒性能良好，否则说明该话筒已经损坏。

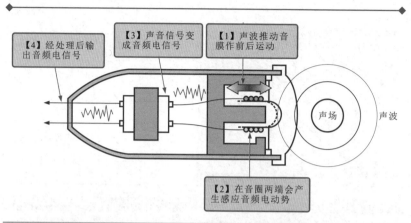

【4】经处理后输出音频电信号

【3】声音信号变成音频电信号

【1】声波推动音膜作前后运动

声场

声波

【2】在音圈两端会产生感应音频电动势

图 10-18　话筒（动圈式话筒）的工作原理示意图

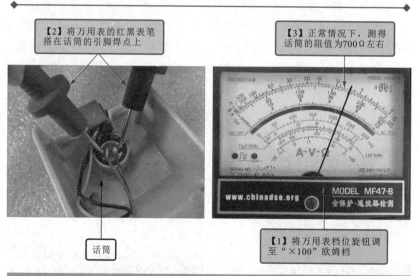

【2】将万用表的红黑表笔搭在话筒的引脚焊点上

【3】正常情况下，测得话筒的阻值为700Ω左右

话筒

【1】将万用表档位旋钮调至"×100"欧姆档

图 10-19　话筒的检测方法

## 10.3.4　听筒的应用与检测

听筒是一种可以将电信号转换为声波的电声器件，听筒与扬声

器具有相同的结构和功能原理，只是两个电声器件的阻抗不同，因此，发出的声量也不同，图10-20所示为听筒的实物外形。

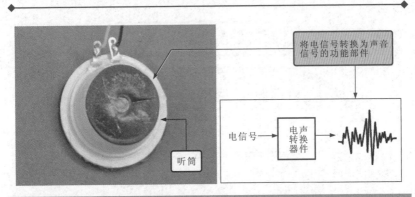

图10-20　听筒的实物外形

由于听筒的发声量较小，通常应用于耳机、电话机、手机以及传真机等设备中。

检测听筒是否正常时，可使用万用表检测听筒的阻值进行判断。如图10-21所示，将万用表的两表笔分别搭在听筒的两个引脚端，正常情况下，应检测到一定的阻值。在检测时，用万用表的一只表笔接在听筒的一个端子上，当另一只表笔触碰听筒的另一个端子时，听筒会发出"咔咔"声，如果听筒损坏，则不会有声音发出。

图10-21　听筒的检测方法

# 第 11 章

# 变压器的应用与检测

## 11.1　变压器的特点与功能

### 11.1.1　变压器的种类特点

变压器是利用电磁感应原理传递电能或传输信号的器件，在各种电子产品中的应用比较广泛。目前，常用的变压器根据工作频率的不同，主要可分为低频变压器、中频变压器、高频变压器和特殊变压器几种。

 **1. 低频变压器**

低频变压器是指工作频率相对较低的一些变压器，常见的低频变压器有电源变压器和音频变压器。

（1）电源变压器

电源变压器是一种用来改变供电电压或电流的变压器，通常应用于各种电子产品中的电源电路部分，主要有普通降压变压器和开关变压器两种。

图 11-1 为常见电源变压器的实物外形。电源变压器的种类很多，外形各异，但基本结构大体一致，主要由铁心、线圈、骨架、固定零件和屏蔽层构成。

（2）音频变压器

图 11-2 为常见音频变压器的实物外形。音频变压器是传输音频信号的变压器，根据功能可分为输入变压器和输出变压器，它们分

别接在功率放大器的输入极和输出极。

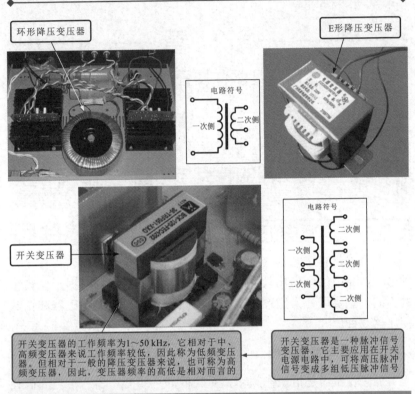

环形降压变压器

E形降压变压器

电路符号
一次侧 二次侧

开关变压器

电路符号
一次侧 二次侧 二次侧 二次侧 二次侧

开关变压器的工作频率为1～50kHz，它相对于中、高频变压器来说工作频率较低，因此称为低频变压器。但相对于一般的降压变压器来说，也可称为高频变压器，因此，变压器频率的高低是相对而言的

开关变压器是一种脉冲信号变压器，它主要应用在开关电源电路中，可将高压脉冲信号变成多组低压脉冲信号

图11-1 常见电源变压器的实物外形

 **2. 中频变压器**

如图11-3所示，中频变压器简称中周，它的适用范围一般在几千赫兹至几十兆赫兹之间，频率相对较高。

 **3. 高频变压器**

工作在高频电路中的变压器被称为高频变压器。例如，常见主要有收音机、电视机、手机、卫星接收机中的高频变压器。短波收音机的高频变压器工作在 1.5～30MHz；FM收音机的高频变压器工作在 88～108MHz。

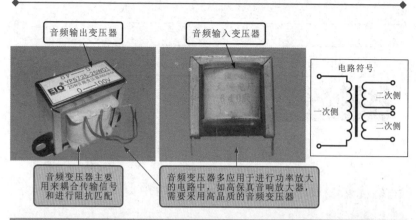

图 11-2　常见音频变压器的实物外形

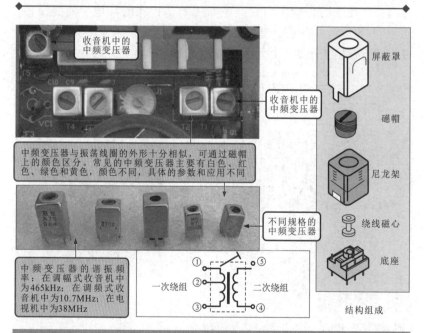

图 11-3　中频变压器的实物外形

　　如图 11-4 所示，收音机的磁性天线（绕有两组线圈）实际上是一种高频变压器。

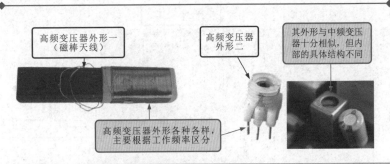

图 11-4    高频变压器的实物外形

 **4. 特殊变压器**

特殊变压器是指应用在一些专用的、特殊的环境中的变压器，如图 11-5 所示。在电子产品中，常见的特殊变压器主要有彩色电视机中的行输出变压器、行激励变压器等。

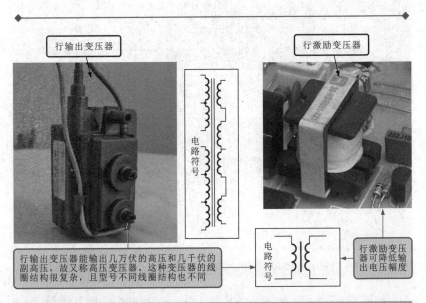

图 11-5    特殊变压器的实物外形

## 11.1.2 变压器的功能特点

变压器是将两组或两组以上的线圈绕制在同一个线圈骨架上，或绕在同一铁心上制成的。通常，把与电源相连的线圈称为一次绕组，其余的线圈称为二次绕组。

变压器利用电感线圈之间的互感原理，将电能或信号从一个电路传向另一个电路。在电路中主要可用于实现提升或降低交流电压、阻抗变换、相位变换、电气隔离、信号自耦等功能。

 **1. 变压器提升或降低交流电压的功能**

变压器即变换电压的器件，提升或降低交流电压是变压器的主要功能。

图11-6所示为变压器提升或降低交流电压的功能示意图。

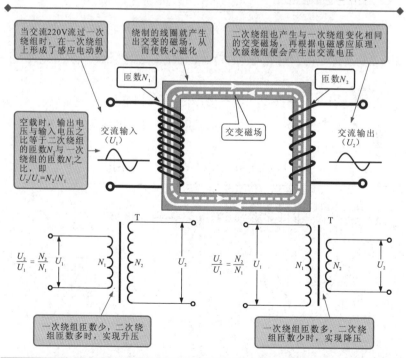

图11-6　变压器具有电压变换的功能

### 2. 变压器具有阻抗变换的功能

变压器通过一次绕组、二次绕组还可实现阻抗的变换，即一次绕组、二次绕组的匝数比不同，输入与输出的阻抗也不同。图 11-7 为变压器实现阻抗变换的功能示意图。

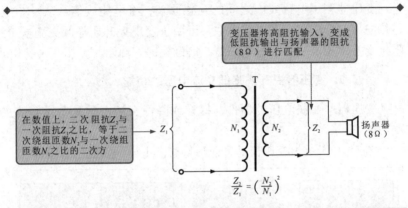

图 11-7　变压器实现阻抗变换的功能示意图

### 3. 变压器具有相位变换的功能

通过改变变压器一次和二次绕组的接法，可以很方便地将输入信号的相位进行倒相。

图 11-8 为变压器实现相位变换的功能示意图。

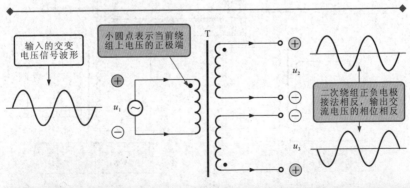

图 11-8　变压器实现相位变换的功能示意图

**4. 变压器具有电气隔离的功能**

根据变压器的变压原理，其一次部分的交流电压是通过电磁感应原理"感应"到二次绕组上的，而没有进行实际的电气连接，因而变压器具有电气隔离的功能。

图 11-9 为变压器实现电气隔离功能的原理示意图。

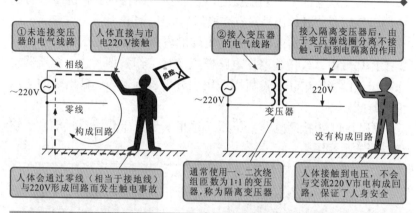

图 11-9 变压器实现电气隔离功能的原理示意图

 **5. 变压器实现信号自耦的功能**

具有一个线圈多个抽头的变压器称为自耦变压器，这种变压器无电隔离功能。

图 11-10 为变压器实现信号自耦功能的原理示意图。

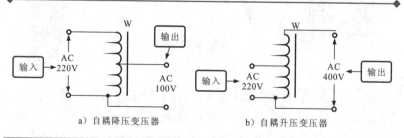

a）自耦降压变压器      b）自耦升压变压器

图 11-10 变压器实现信号自耦功能的原理示意图

<table>
<tr><td>**11.2**</td><td>**变压器的检测**</td></tr>
</table>

## 11.2.1　电源变压器的检测

电源变压器的主要功能就是电压转换，即在正常情况下，若输入端电压正常，其输出端应有变换后的电压输出。

检测电源变压器的输入和输出端的电压需要将变压器置于实际的工作环境中，或搭建测试电路模拟实际工作条件，并向变压器输入一定值的交流电压，然后用万用表分别检测输入、输出端的电压值来判断好坏。

图 11-11 为检测电源变压器（这里属于降压变压器）输入、输出电压的示意图。

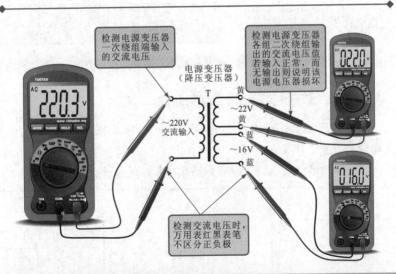

图 11-11　检测电源变压器（这里属于降压变压器）
输入、输出电压的示意图

图 11-12 为待测电源变压器。从待测变压器铭牌标识可知该变

压器的输入绕组和输出绕组的接口关系。

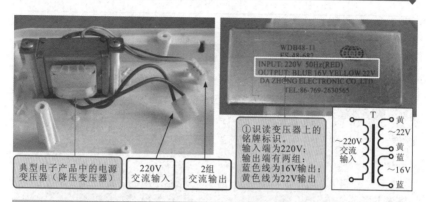

① 识读变压器上的铭牌标识。
输入端为220V；
输出端有两组：
蓝色线为16V输出；
黄色线为22V输出

典型电子产品中的电源变压器（降压变压器）

220V交流输入

2组交流输出

图 11-12　待测电源变压器的铭牌标识识读

　　将待测电源变压器接入电路，按图 11-13 所示，首先对电源变压器输入的电源电压进行检测。正常情况下，应该能够测到 220V 左右的电源电压。

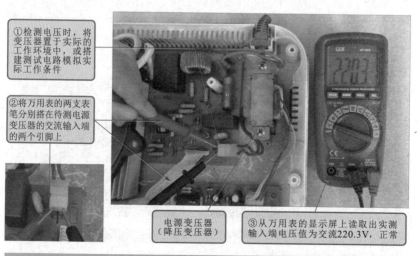

① 检测电压时，将变压器置于实际的工作环境中，或搭建测试电路模拟实际工作条件

② 将万用表的两支表笔分别搭在待测电源变压器的交流输入端的两个引脚上

电源变压器（降压变压器）

③ 从万用表的显示屏上读取出实测输入端电压值为交流220.3V，正常

图 11-13　检测电源变压器输入端绕组的电压

　　然后，再将万用表表笔分别搭接在蓝色输出引线端，此时如

图 11-14 所示，正常时应该能够检测到 16V 左右的输出电压。

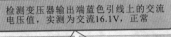

检测变压器输出端蓝色引线上的交流电压值，实测为交流16.1V，正常

电源变压器（降压变压器）

图 11-14　检测电源变压器蓝色输出绕组引线的电压

使用同样方法检测电源变压器黄色输出引线端的输出电压。如图 11-15 所示，正常时应能够检测到 22V 左右的输出电压。

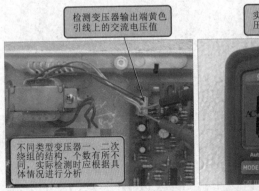

检测变压器输出端黄色引线上的交流电压值

实测得输出端电压为交流22.4V

不同类型变压器一、二次绕组的结构、个数有所不同，实际检测时应根据具体情况进行分析

图 11-15　检测电源变压器黄色输出绕组引线的电压

这与电源变压器表面的铭牌标识相符合。如果检测时输入端有电压输入，而输出端电压不正常，则怀疑电源变压器损坏。

🔷 **要点说明**

　　除使用万用表检测电源变压器输入、输出端的电压外，还有一种在通电状态下测量变压器的安全、简便的检测方法，即用示波器探头靠近变压器的铁心，用感应其正常时产生的交变磁场信号来判断其是否工作，如图11-16所示。

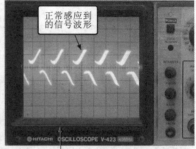

图 11-16　感应信号法判断变压器的好坏

## 11.2.2　音频变压器的检测

　　图11-17所示为音频变压器的电路符号和实物外形。从图可以看出，待测的变压器共有6个引脚，①脚和②脚为一次绕组，其余引脚为二次绕组。

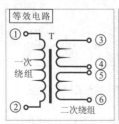

图 11-17　音频变压器的电路符号和实物外形

选择适当的量程，将万用表的两支表笔分别搭在音频输出变压器的②脚和①脚处，对其一次绕组阻值进行检测，此时观察万用表数值为22，根据选择的量程（×100 欧姆档），测得音频输出变压器的一次绕组阻值为2200Ω，如图11-18 所示。

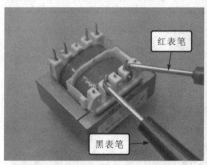

图11-18　音频输出变压器的②脚和①脚检测方法

将万用表两支表笔分别搭在音频输出变压器的③脚和④脚处，此时观察万用表数值为15，根据选择的量程（×1Ω 欧姆档），测得音频输出变压器的二次绕组③脚和④脚之间阻值为15Ω，如图11-19 所示。

图11-19　音频输出变压器的二次绕组③脚和④脚检测方法

将万用表两支表笔分别搭在音频输出变压器⑤脚和⑥脚处，此时观察万用表数值为5.5，根据选择的量程（×10 欧姆档），测得音

频输出变压器的二次绕组⑤脚和⑥脚之间阻值为 55Ω，如图 11-20
所示。

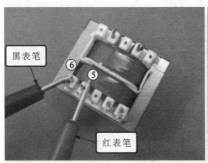

图 11-20　音频输出变压器的二次绕组⑤脚和⑥脚检测方法

　　将万用表的两支表笔分别搭在音频输出变压器的各个一次绕组
和各个二次绕组上。此时观察万用表的读数，测量的各个一次与各
个二次绕组之间的阻值都为无穷大，如图 11-21 所示。

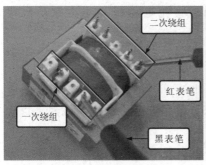

图 11-21　音频输出变压器的各个一次绕组和各个二次绕组检测方法

# 第 12 章
# 电动机的应用与检测

## 12. 1　电动机的特点与功能

### 12. 1. 1　电动机的种类特点

电动机是一种利用电磁感应原理将电能转换为机械能的动力部件。在实际应用中，不同应用场合下，电动机的种类多种多样，分类方式也各式各样。其中，最简单的分类是按照电动机供电类型不同区分，可将电动机分为直流电动机和交流电动机两大类。

 **1. 直流电动机**

综合来说，所有由直流电源（电源具有正负极之分）进行供电的电动机都称为直流电动机。大部分电子产品中的电动机都是直流电动机。

直流电动机按照定子磁场的不同，可以分为永磁式直流电动机和电磁式直流电动机；按照结构的不同，可以分为有刷直流电动机和无刷直流电动机；按照稳速方式不同，可以分为机械稳速直流电动机和电子稳速直流电动机。

（1）永磁式直流电动机和电磁式直流电动机

直流电动机主要包括两个部分，即定子部分和转子部分。其中，定子由永久磁铁组成的电动机称为永磁式直流电动机；定子由铁心和线圈组成的电动机称为电磁式直流电动机。

图 12-1 为典型永磁式和电磁式直流电动机的实物外形。

图 12-1　典型永磁式和电磁式直流电动机的实物外形

（2）有刷直流电动机和无刷直流电动机

有刷直流电动机和无刷直流电动机外形相似，主要是通过内部是否包含电刷和换向器进行区分。图 12-2 为典型有刷和无刷直流电动机的实物外形与结构。

 **2. 交流电动机**

交流电动机是通过交流电源供给电能，并将电能转变为机械能的一类电动机。交流电动机根据供电方式不同，可分为单相交流电动机和三相交流电动机；根据工作频率是否恒定，可分为 50Hz 定频电动机和变频电动机两种。

（1）单相和三相交流电动机

单相交流电动机是利用单相交流电源供电，也就是由一根相线和一根零线构成的 220V 交流市电进行供电的电动机，在一些电器产品中应用比较广泛。

三相交流电动机是利用三相交流电源供电的电动机，一般供电电压为 380V，在动力设备中应用较多。

图 12-3 为典型单相和三相交流电动机的实物外形。

（2）定频电动机和变频电动机

定频电动机是电力拖动系统中应用最广泛的一类电动机，它是指工作在恒频恒压（220V 50Hz 或 380V 50Hz）条件下工作的电动机。

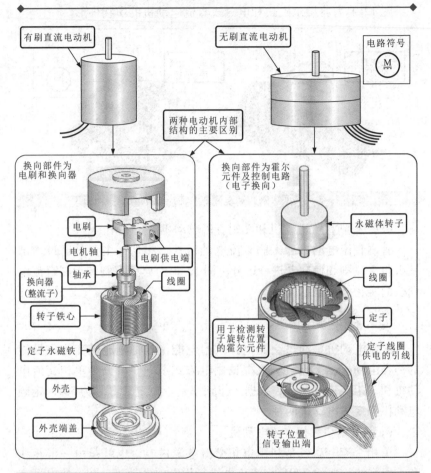

有刷直流电动机

无刷直流电动机

电路符号

两种电动机内部
结构的主要区别

换向部件为
电刷和换向器

换向部件为霍尔
元件及控制电路
（电子换向）

电刷

电机轴

电刷供电端

换向器
(整流子)

轴承

线圈

转子铁心

定子永磁铁

外壳

外壳端盖

永磁体转子

线圈

定子

用于检测转
子旋转位置
的霍尔元件

定子线圈
供电的引线

转子位置
信号输出端

图12-2　典型有刷和无刷直流电动机的实物外形与结构

　　变频电动机目前多指专用于和变频器配合使用的一类电动机，其外形和基本电气结构与普通交流电动机大致相同。

　　图12-4为典型定频和变频交流电动机的实物外形。

## 12.1.2　电动机的功能应用

　　如图12-5所示，电动机的主要功能就是实现电能向机械能的转换，即将供电电源的电能转换为电动机转子转动的机械能，最终通过转子上的转轴的转动带动负载转动，实现各种传动功能。

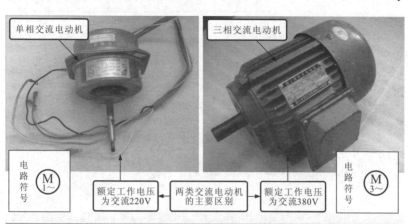

图 12-3　典型单相和三相交流电动机的实物外形

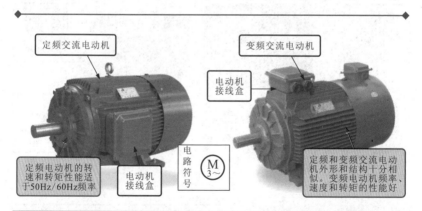

图 12-4　典型定频和变频交流电动机的实物外形

　　直流电动机具有良好的可控性能，很多对调速性能要求较高的产品或设备都采用直流电动机作为动力源。可以说，直流电动机几乎涉及各个领域。例如，在家用电子电器产品、电动产品、工农业设备、交通运输设备中，甚至在军事和宇航等很多对调速和起动性能要求高的场合都有广泛应用，如图 12-6 所示。

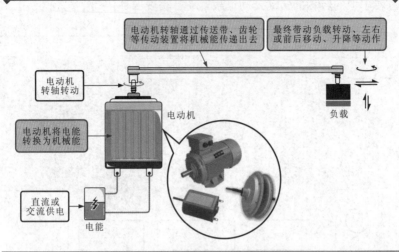

图 12-5　电动机基本功能示意图

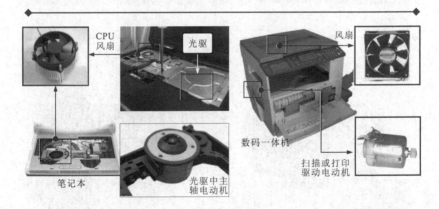

图 12-6　直流电动机的应用

　　交流电动机具有结构简单、工作可靠、效率高和带负载能力较强等特点，应用十分广泛，在家用电器、工农业生产机械、交通运输、国防、商业及医疗设备等各方面都有广泛应用。

　　图12-7为交流电动机的应用实例。

图12-7　交流电动机的应用实例

## 12.2　电动机的检测

### 12.2.1　小型直流电动机的检测

　　用万用表检测电动机绕组的阻值是一种比较常用、简单易操作的测试方法，该方法可粗略地检测出电动机内绕组的阻值，根据检测结果可大致判断出电动机绕组有无短路或断路故障。

　　以典型直流电动机为例，如图12-8所示，是用万用表检测电动机绕组阻值的基本方法。

### 12.2.2　单相交流电动机的检测

　　图12-9为待测的单相交流电动机。在检测之前，首先根据铭牌标识确定待测单相交流电动机各引线的功能（区分起动端、运行端和公共端）。

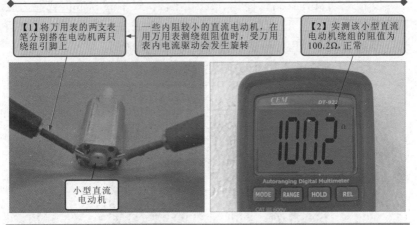

【1】将万用表的两支表笔分别搭在电动机两只绕组引脚上

一些内阻较小的直流电动机，在用万用表测绕组阻值时，受万用表内电流驱动会发生旋转

【2】实测该小型直流电动机绕组的阻值为100.2Ω，正常

小型直流电动机

图 12-8　小型直流电动机绕组阻值的检测方法

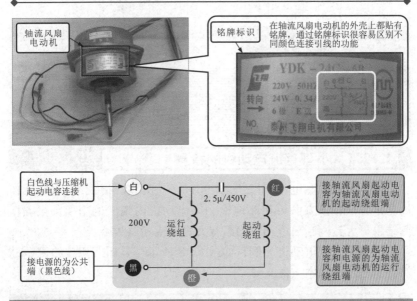

轴流风扇电动机

铭牌标识

在轴流风扇电动机的外壳上都贴有铭牌，通过铭牌标识很容易区别不同颜色连接引线的功能

白色线与压缩机起动电容连接

白

接轴流风扇起动电容为轴流风扇电动机的起动绕组端

2.5μ/450V

红

200V　运行绕组　起动绕组

接电源的为公共端（黑色线）

黑

橙

接轴流风扇起动电容和电源的为轴流风扇电动机的运行绕组端

图 12-9　根据铭牌识读待测单相交流电动机

扫一扫看视频

　　接下来，使用万用表分别对单相交流电动机绕组端之间的阻值进行检测，即分别检测起动端与公共端之间的阻值，运行端与公共端之间的阻值，起动端与运行端之间的

阻值，如图 12-10 所示。

【1】将万用表的两支表笔分别搭在电动机两个绕组引出线（①②）上

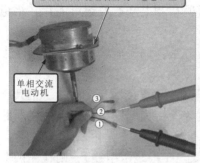

单相交流电动机

【2】从万用表的显示屏上读取出实测第一组绕组的阻值R₁为232.8Ω

【3】保持黑表笔位置不动，将红表笔搭在另一根绕组引出线上（即①③）

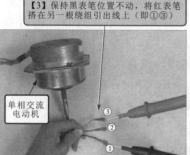

单相交流电动机

【4】从万用表的显示屏上读取出实测第二组绕组的阻值R₂为256.3Ω

【5】检测另外两根绕组引脚线之间的阻值（②③）

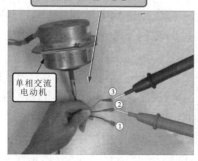

单相交流电动机

【6】从万用表的显示屏上读取出实测第三组绕组的阻值R₃为0.489kΩ=489Ω

图 12-10　用万用表检测电动机绕组阻值的基本方法

　　观察万用表测量结果。正常情况下，任意两引线端均应有一定的阻值，且满足其中两组阻值之和等于另外一组数值。若检测时发现某两个引线端阻值趋于无穷大，则说明绕组中存在短路情况。若三组数值间不满足等式关系，则说明待测电动机绕组可能存在绕组间短路的情况。

　　不同类型电动绕组阻值的检测方法相同，但检测结果和判断方法有所区别。一般情况下遵循以下规律：

　　1）若所测电动机为普通直流电动机（两根绕组引线），则其绕组阻值应为一个固定数值。若实测为无穷大，则说明绕组存在断路故障。

　　2）若所测电动机为单相电动机（3根绕组引线），则检测两两引线之间阻值，得到的3个数值 $R_1$、$R_2$、$R_3$，应满足其中两个数值之和等于第三个值（$R_1 + R_2 = R_3$）。若 $R_1$、$R_2$、$R_3$ 任意一阻值为无穷大，说明绕组内部存在断路故障。

　　3）若所测电动机为三相电动机（3根绕组引线），则检测两两引线之间阻值，得到的3个数值 $R_1$、$R_2$、$R_3$，应满足3个数值相等（$R_1 = R_2 = R_3$）。若 $R_1$、$R_2$、$R_3$ 任意一阻值为无穷大，说明绕组内部存在断路故障。

**要点说明**

　　电动机内部绕组的结构和连接方式不同，所测量的绕组阻值关系也不尽相同，如图12-11所示。

　　普通直流电动机内部一般只有一相绕组，从电动机中引出有两根引线，见图12-11a所示。检测阻值时相当于检测一个电感线圈的阻值，因此应能够测得一个固定阻值。

　　单相电动机内大多包含两个绕组，但从电动机中引出有3根引线，其中分别为公共端、起动绕组、运行绕组，根据图12-11b中绕组连接关系，不难明白 $R_1 + R_2 = R_3$ 的原因。

　　三相电动机内一般为三相绕组，从电动机中引出也有3根引线，每两根引线之间绕组的阻值相等，根据图12-11c可以清晰地了解 $R_1 = R_2 = R_3$ 的原因。

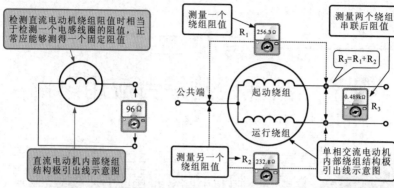

检测直流电动机绕组阻值时相当于检测一个电感线圈的阻值，正常应能够测得一个固定阻值

测量一个绕组阻值 $R_1$ 256.3Ω

测量两个绕组串联后阻值

$R_3=R_1+R_2$

公共端 起动绕组 0.489kΩ $R_3$

运行绕组

96Ω

直流电动机内部绕组结构极引出线示意图

测量另一个绕组阻值 $R_2$ 232.8Ω

单相交流电动机内部绕组结构极引出线示意图

a）普通直流电动机绕组阻值的检测    b）单相交流电动机绕组阻值的检测

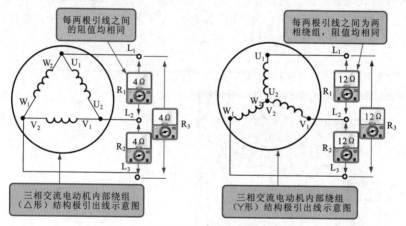

每两根引线之间的阻值均相同

$W_2$ $U_1$
$W_1$ $U_2$
$V_2$ $V_1$

$L_1$
$R_1$ 4Ω
$L_2$ 4Ω $R_3$
$R_2$ 4Ω
$L_3$

三相交流电动机内部绕组（△形）结构极引出线示意图

每两根引线之间为两相绕组，阻值均相同

$U_1$
$W_2$ $U_2$
$W_1$ $V_2$ $V_1$

$L_1$
$R_1$ 12Ω
$L_2$ 12Ω $R_3$
$R_2$ 12Ω
$L_3$

三相交流电动机内部绕组（Y形）结构极引出线示意图

c）三相交流电动机绕组阻值的检测

图 12-11　不同类型电动机内部绕组的结构和连接方式

# 第 13 章
# 电子元器件检测综合应用案例

## 13.1　电风扇起动电容器的检测案例

在电风扇的检测中，起动电容器是非常重要的器件。起动电容器在电风扇中的位置如图 13-1 所示。

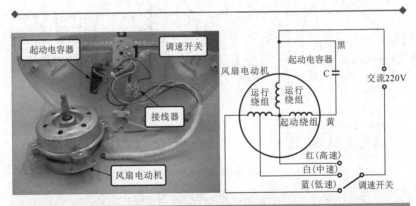

图 13-1　起动电容器的实物在电风扇中的位置

起动电容器的一端接交流 220V 市电，另一端与风扇电动机的起动绕组相连。在对电风扇进行检测时，起动电容器的检测操作是非常必要的。通常，对于起动电容器的检测可采用开路检测的方式。

将起动电容器从电风扇中卸下后，即可对起动电容器的性能进行实际检测。起动电容器的检测操作如图 13-2 所示。

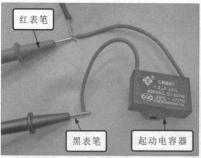

图13-2 起动电容器的检测操作

用万用表的两支表笔分别连接起动电容器的两个引线端，然后再调换表笔进行检测。正常情况下，万用表会检测到充、放电的过程，即

扫一扫看视频

1）万用表指针从电阻值最大的位置向电阻值小的方向（向右）迅速摆动。

2）指针随即缓慢向电阻值大的方向（向左）回摆。

3）指针停留在一个电阻值偏大的位置。

如果指针无摆动或阻值很小，则说明起动电容损坏。

## 13.2 电风扇电动机的检测案例

在电风扇中，风扇电动机是很重要的器件。它是电风扇中的动力源，电风扇就是依靠风扇电动机的高速旋转，从而带动风扇叶片旋转切割空气，促使空气流动。

电风扇中电动机的实物外形和位置如图13-3所示。

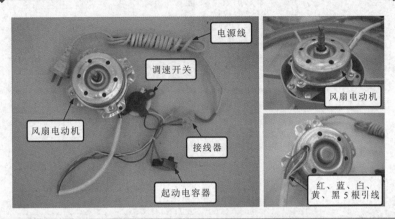

图13-3　电风扇中电动机的位置

通常，装有调速开关的电风扇所使用的风扇电动机有5根引线。分别为红、蓝、白、黄、黑5个颜色。

**要点说明**

没有调速开关的电风扇所使用的风扇电动机只有两根引线。

在对电风扇进行检修时，对风扇电动机进行检测是非常必要的。检测时，首先将风扇电动机的引线断开，然后使用万用表对风扇电动机各绕组之间的阻值进行测量。

检测风扇电动机时，使用万用表检测风扇电动机各引线之间的阻值，可将量程调整至"×100"欧姆档。

风扇电动机的检测操作如图13-4所示。

正常情况下，黑色引线与其他各引线之间的阻值为几百欧姆至几千欧姆，且在检测时黑色引线与黄色引线之间的阻值始终为最大阻值。

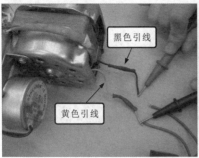 

黑色引线

黄色引线

测得的阻值为1.1kΩ

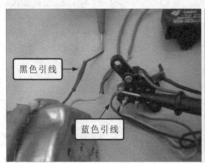 

黑色引线

蓝色引线

测得的阻值为700Ω

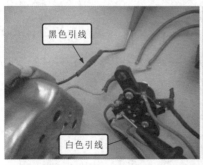 

黑色引线

白色引线

测得的阻值为500Ω

图 13-4　风扇电动机的检测操作

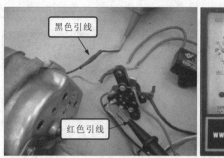 

图 13-4　风扇电动机的检测操作（续）

🔵 **要点说明**

　　使用万用表检测风扇电动机各引线之间的阻值时，若在检测过程中，万用表指针指向零或无穷大，或者检测时所测得的阻值与正常值偏差很大，均表明风扇电动机绕组损坏。

## 13.3　电风扇摆头电动机的检测案例

　　许多电风扇除了具备调速功能外，还具有摆头的功能。电风扇的摆头功能主要是依靠电风扇中的摆头电动机实现的。摆头电动机的实物外形与位置关系如图 13-5 所示。

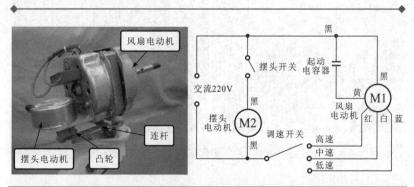

图 13-5　摆头电动机的实物外形与位置关系

摆头电动机由摆头电动机开关进行控制。当按下摆头电动机开关，摆头电动机便会带动风扇电动机来回摆动。

摆头电动机通常由两条黑色引线连接，其中一根黑色引线连接调速开关，另一根黑色引线接摆头开关。当电风扇出现不能摆头的情况时，就需要对摆头电动机进行检测。

摆头电动机的检测操作如图 13-6 所示。

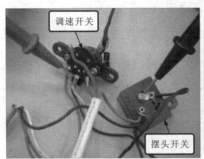

图 13-6　摆头电动机检测操作

正常情况下，检测摆头电动机的阻值应为几千欧姆。如果检测时，万用表指针指向无穷大或指向零均表示摆头电动机已经损坏。

## 13.4　电饭煲加热控制电路中继电器的检测案例

在电饭煲的加热控制电路中，继电器的实物外形和电路结构关系如图 13-7 所示。

### 要点说明

继电器的主要作用是于对加热器供电进行控制。当用户对电饭煲进行加热操作时，继电器得电，触点吸合，加热电路导通，炊饭加热器开始加热。

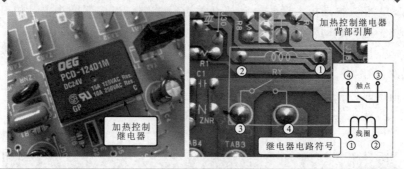

图 13-7    继电器的实物外形和电路结构关系

　　继电器的检测是电饭煲检修中非常普遍的操作技能。一般来说，使用万用表对继电器各引脚间的阻值测量即可实现对继电器性能的检测。继电器检测操作如图 13-8 所示。

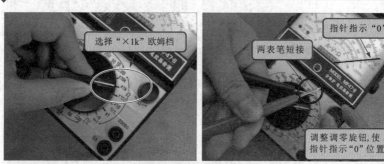

a) 调整万用表，并进行欧姆调零

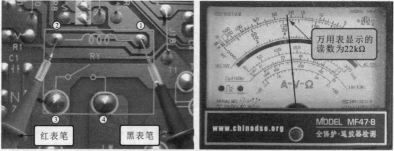

b) 检测加热继电器①、②引脚之间的阻值

图 13-8    继电器检测操作

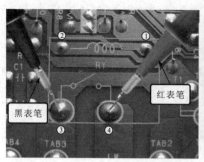 

c) 检测加热控制继电器③、④引脚之间的阻值

图 13-8   继电器检测操作（续）

    检测加热控制继电器时，由于外围器件的干扰，在检测其①、②引脚之间的阻值时，可以测得一定的阻值。若采用开路检测，测得阻值稍大些。

    使用万用表检测继电器的③、④引脚两端的阻值时，由于继电器处于断开状态，因此测得阻值应趋于无穷大。

## 13.5 电饭煲保温控制电路中双向晶闸管的检测案例

    在电饭煲的保温控制电路中，双向晶闸管的实物外形和电路板安装位置关系如图 13-9 所示。

图 13-9   双向晶闸管的实物外形和电路板安装位置关系

电饭煲的保温控制电路主要由晶闸管、保温组件等部件组成。

双向晶闸管（可控硅）是一种半导体器件，除了具有单向导电整流作用外，还可以作为双向导通的可控开关。晶闸管最主要的特点是能用微小的功率控制较大的功率。如果双向晶闸管损坏则电饭煲会失去保温功能。

下面介绍电饭煲保温控制电路中双向晶闸管的检测方法。具体操作如图 13-10 所示。

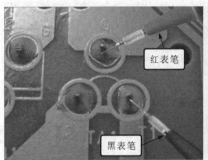

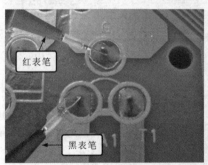

图 13-10　双向晶闸管的检测操作

将红表笔搭在控制极 G，黑表笔搭在 T1，正常情况下阻值应为无穷大；将红表笔搭在控制极 G，黑表笔搭在 T2，正常情况下能够检测到一定的阻值。若实测的阻值都为无穷大，则说明被测双向晶闸管损坏。

<table>
<tr><td>**13.6**</td><td>电饭煲操作显示电路中操作按键的<br>检测案例</td></tr>
</table>

在电饭煲的操作电路中，操作按键的实物外形和操作按键相对应的引脚焊点如图 13-11 所示。

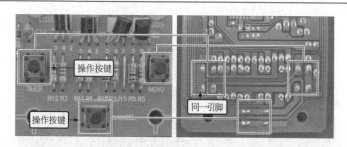

图 13-11　操作按键的实物外形和操作按键相对应的引脚焊点

电饭煲的操作电路主要是操作按键和相关的元器件等构成。在操作按键的 4 个引脚中，两组引脚并联使用，当按下操作按键时，电路便被接通。

操作按键对微电脑控制式电饭煲进行控制时，主要是通过按动操作按键来实现的。控制面板上的功能越多，操作按键越多。

操作按键的检测如图 13-12 所示。使用万用表的两支表笔分别接触操作按键不同焊点的两只引脚，若操作按键良好，则万用表指针应指向无穷大；当按下操作按键的按钮时，万用表测得阻值应为 0Ω。

图 13-12　操作按键的检测操作

## 13.7　电饭煲操作电路发光二极管的检测案例

在电饭煲的显示控制电路中，对发光二极管进行检测时，可以通过检测其正、反向阻值判断其是否损坏。将万用表调整至"×10k"欧姆档。发光二极管的实物外形和对应电路如图13-13所示。

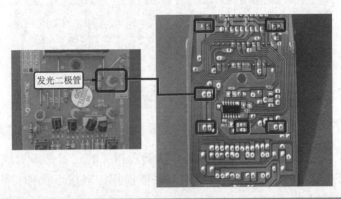

图 13-13　发光二极管的实物外形和对应电路

电饭煲的显示电路主要是发光二极管以及周围的器件等构成，不同颜色的发光二极管表示不同的工作状态或故障情况。

发光二极管的检测操作如图13-14所示。

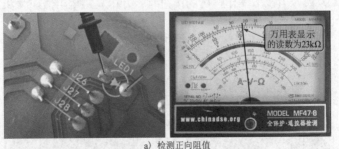

a) 检测正向阻值

图 13-14　发光二极管的检测操作

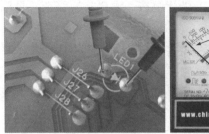

b）检测反向阻值

图 13-14　发光二极管的检测操作（续）

正常情况下，正向阻值应为 23kΩ 左右，反向阻抗为无穷大。若检测时发光二极管的正反向阻值均为零，则表明发光二极管已经损坏。

## 13.8　电饭煲电源电路中整流二极管的检测案例

在电饭煲的操作电路中，整流二极管的实物外形和对应电路如图 13-15 所示。

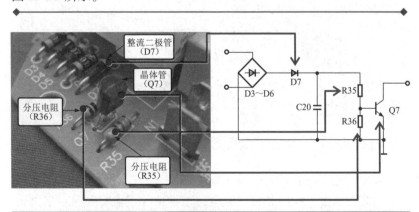

图 13-15　整流二极管的实物外形和对应电路

电饭煲的操作电路主要由整流二极管、分压电阻、晶体管等构成。

桥式整流电路是由 4 个二极管组成，主要将交流变压器降压后输出的交流低压变成直流，再经稳压电路输出稳压直流。

在对电饭煲进行调试、检修时，整流二极管的检测是非常必要的，通常可以分为在路检测和开路检测两种。由于在路检测比较危险，所以一般选择开路检测整流二极管的阻值来判断它的好坏。

整流二极管的检测操作如图 13-16 所示。

图 13-16 整流二极管的检测操作

将指针万用表的黑表笔搭在整流二极管的正极，红表笔搭在整流二极管的负极，检测其正向阻值，正常情况下能实测到一定的阻值。然后调换表笔，黑表笔接整流二极管的负极，红表笔接整流二极管的整机，检测其反向阻值，正常情况下阻值应为无穷大。若整流二极管正、反向阻值均为无穷大、零或者阻值相近，都说明整流二极管失效损坏，需要更换。

## 13.9　电饭煲电路中电热盘的检测案例

电热盘是电饭煲中是用来为电饭煲提供热源的部件，安装于电饭煲的底部，是由管状电热元件铸在铝合金圆盘中制成的。其供电端位于锅体的底部，通过连接片与供电导线相连，如图 13-17 所示。

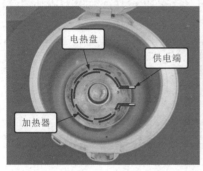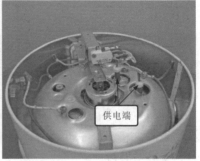

图 13-17　电热盘

电饭煲在长期使用以及挪动过程中，可能会出现内部连接线老化或者松动等现象，应检查电热盘连接线的情况。如果电热盘的连接线出现松动，重新拧紧固定螺钉即可。

若重新固定电热盘连接线后，仍不可以排除电饭煲的故障，则可通过检测电热盘供电端的阻值是否正常查找原因，如图 13-18 所示。

若测得两端之间的阻值为 85Ω 左右，则说明电热盘正常；若电阻值无穷大，说明电热盘内部断路，应进行更换；若阻值为 0Ω，表明电热盘的供电输入端可能与外壳短路，应仔细检查。

扫一扫看视频

检测电热盘
供电端阻值

图 13-18　检测电热盘供电端的阻值

## 13.10　电磁炉供电电路中 IGBT 的检测案例

　　IGBT（绝缘栅双极型晶体管，又称门控管）可以看作是一个场效应晶体管和一个双极型晶体管的复合结构，是电磁炉的供电电路中非常重要的器件。

　　IGBT 的实物外形和电路结构关系如图 13-19 所示。

IGBT

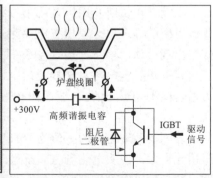

+300V

炉盘线圈

高频谐振电容

阻尼
二极管

IGBT

驱动
信号

图 13-19　IGBT 的实物外形和电路结构关系

电磁炉的供电电路主要是由 IGBT、IGBT 温度检测器、桥式整流堆、熔丝、扼流圈等组成的。

IGBT 的主要使用是控制炉盘线圈的电流，在调频脉冲信号的驱动下使流过炉盘线圈的电流形成高速开关电流，并使炉盘线圈与并联电容器形成高压谐振。

在对电磁炉进行调试、检修时，应首先对 IGBT 进行检测。

供电电路板上 IGBT 的外形如图 13-20 所示。

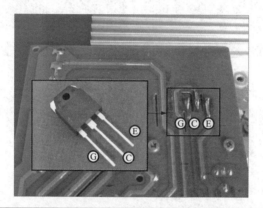

图 13-20　供电电路板上 IGBT 的外形

IGBT 有 3 个引脚，左边的是门极 G，中间的是集电极 C，右边的是发射极 E。

在对 IGBT 进行检测时，可以分为在路检测和开路检测，下面以在路检测为例，介绍一下 IGBT 的检测方法。其集电极阻值的检测方法如图 13-21 所示。

将黑表笔接门极 G，红表笔测量集电极 C，此时集电极的正向阻值为 3kΩ 左右，然后将两表笔对换，测量集电极的反向阻值时，万用表读数为无穷大。

检测完集电极的正、反向阻值后，接下来检测发射极的正、反向阻值。发射极阻值的检测方法如图 13-22 所示。

将黑表笔接到门极 G 上，然后用红表笔测量发射极 E，此时发射结的正向阻值为 40kΩ 左右，然后将两表笔对换，测量发射极的反向阻值时，万用表读数与正向阻值相同。

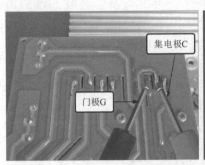

图 13-21　IGBT 集电极阻值的检测方法

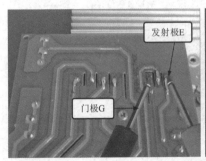

图 13-22　IGBT 发射极阻值的检测方法

　　通过对 IGBT 阻值的检测，若阻值与上述的检测差距很大时，则说明被测 IGBT 可能损坏。

## 13.11　电磁炉控制电路中集成电路的检测案例

　　电磁炉的智能控制电路主要是由微处理器、晶体振荡器和谐振补偿电容等组成的。微处理器是控制电路中的核心器件，在电路中起到自动检测和控制电路的作用。其实物外形及引脚功能如图 13-23 所示。

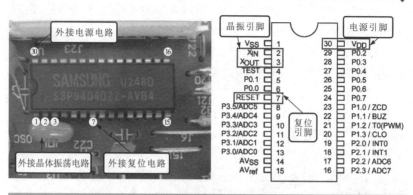

图 13-23　微处理器的实物外形及引脚功能

　　如果电磁炉出现开机不工作，数码显示屏也没有反应的故障时，应首先对微处理器进行检测。

　　微处理器要想能够正常工作，必须是供电电路、晶体振荡电路和复位电路都正常才行。检测微处理器前，应先识别出微处理器各引脚的功能。

　　微处理器的②和③脚外接晶体振荡电路，⑦脚接复位电路，㉚脚为电源引脚。

　　根据微处理器引脚的分布，分别对电源电路、复位电路、晶振电路进行检测。首先将万用表的量程调至直流 10V 档。供电端的检测方法如图 13-24 所示。

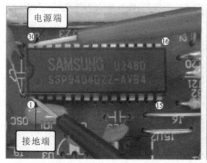

图 13-24　供电端的检测方法

将万用表的黑表笔接接地端，红表笔接微处理器的㉚脚，检测电源端，发现有 +5V 的供电电源。

微处理器的供电正常的情况下，继续检测晶体振荡器的起振电压是否正常。起振电压的检测方法如图 13-25 所示。

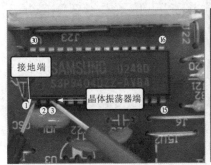

图 13-25　起振电压的检测方法

万用表的黑表笔不动，红表笔分别连接微处理器外接谐振晶体振荡器的②、③引脚，检测其起振的电压是否正常，正常时两引脚之间的电压差应为 0.2V 左右。

在微处理器外接晶体振荡器的起振电压正常的情况下，接下来可检测微处理器的复位电压是否正常。复位电压的检测方法如图 13-26 所示。

图 13-26　复位电压的检测方法

万用表的黑表笔不动，红表笔分别连接微处理器的⑦脚处，检测其复位电压是否正常。

若微处理器供电电路的电压、晶体振荡电路的电压以及复位电路的电压都正常，此时可用示波器检测晶体振荡电路的输出波形，以此进一步判断微处理器的好坏。晶体振荡电路的输出波形的检测方法见图13-27。

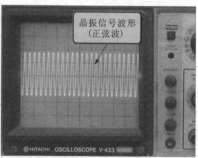

图13-27　晶体振荡电路的输出波形的检测方法

将示波器的接地夹接地，探头检测晶体振荡器的引脚处，若有输出正弦波的信号波形，则说明微处理器正常，反之，则说明晶体振荡器损坏，引起了微处理器不能正常工作。

## 13.12　电磁炉电源电路中电容器的检测案例

在电磁炉的供电电路中，滤波电容器的实物外形和电路结构关系如图13-28所示。

电磁炉的供电电路主要是由滤波电容器、熔丝、IGBT、变压器、桥式整流堆等元器件组成的。滤波电容器的主要作用是对交流220V电压进行滤波，防止干扰。

在对电磁炉进行调试、检修时，滤波电容器的检测操作是非常必要的。检测滤波电容器时，需要检测电路板背面的引脚，可采用指针万用表的"×10k"欧姆档。

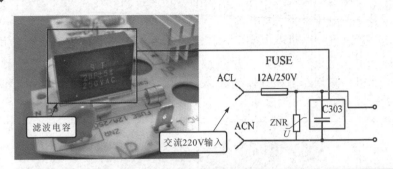

图 13-28　滤波电容器的实物外形和电路结构关系

　　滤波电容器的检测方法如图 13-29 所示。使用万用表表笔进行检测时，将红、黑表笔任意搭在滤波电容器的两端，然后颠倒一下表笔后再搭在滤波电容的两端，万用表会显示电容器充放电的过程。

　　当交换万用表表笔时，万用表的指针开始时指向无穷大，然后就有充放电的过程，所以指针会有一定幅度的摆动，这表明该电容器是正常的。

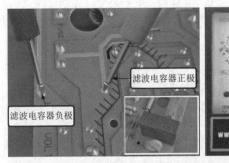

图 13-29　滤波电容器的检测方法

## 13.13　电磁炉报警电路中蜂鸣器的检测案例

　　在电磁炉的报警电路中，当电磁炉在起动、停机、开机或是处于保护状态时，为了提示用户进而驱动蜂鸣器发出声响。

蜂鸣器的实物外形及电路关系如图 13-30 所示。电磁炉的报警驱动电路主要是由运算放大器、蜂鸣器驱动晶体管、蜂鸣器等组成的。蜂鸣器的主要作用是发出声音提示，用户可以根据蜂鸣器发出的声音来分辨电磁炉的工作状态。如果电磁炉工作时出现不报警的故障，应首先对蜂鸣器进行检测。

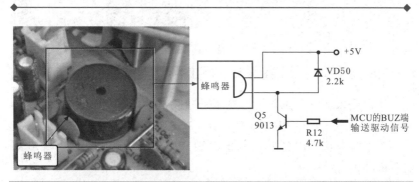

图 13-30　蜂鸣器的实物外形及电路关系

在对电磁炉进行调试、检修时，通常对蜂鸣器的检测采用在路检测的方式进行。电磁炉电路中的蜂鸣器及引脚对照如图 13-31所示。

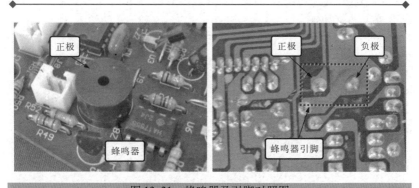

图 13-31　蜂鸣器及引脚对照图

找出蜂鸣器的引脚后，将万用表的量程调至"×1"欧姆档，检测其阻值。蜂鸣器检测的方法如图 13-32 所示。

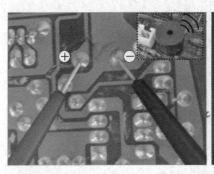

正常阻值:18Ω

图 13-32 蜂鸣器的检测

用万用表的红、黑表笔分别接触蜂鸣器的正、负电极,正常时,万用表将显示一定的数值约为 18Ω,并在红、黑表笔接触电极的一瞬间,蜂鸣器会发出"吱吱"的声响,这表明蜂鸣器正常,反之则说明蜂鸣器可能损坏。

## 13.14 电磁炉供电电路中热敏电阻器的检测案例

在电磁炉的供电电路中,热敏电阻器的实物外形和电路结构关系如图 13-33 所示。

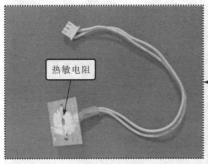
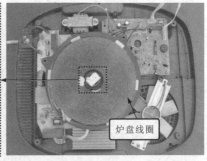

热敏电阻

炉盘线圈

图 13-33 热敏电阻器的实物外形和电路结构关系

　　电磁炉的供电电路主要是由热敏电阻器电容器、熔丝、扼流圈、变压器、场效应晶体管、桥式整流堆等元器件组成的。热敏电阻器的主要作用是用来检测锅具的温度。如果电磁炉出现无法判断炉盘线圈的温度或引起 IGBT 击穿的故障，应首先对热敏电阻器进行检测。

　　检测时，可以使用万用表检测热敏电阻器在常温下和温度变化下的阻值来判断其是否正常。测量前将万用表的量程调至"×10k"欧姆档。常温下热敏电阻器的检测方法如图 13-34 所示。

图 13-34　常温下热敏电阻器的检测方法

　　在常温下，用万用表检测热敏电阻器时，检测到的阻抗应为80kΩ 左右。温度变化时热敏电阻器的检测方法如图 13-35 所示。

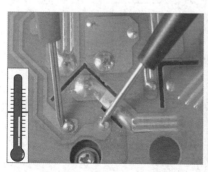

图 13-35　温度变化时热敏电阻器的检测方法

当温度升高时，检测热敏电阻器的阻值，热敏电阻的阻值会根据温度的升高变小一些。

若在检测热敏电阻器时，常温下的阻值与温度变化后的阻值不同时，则表明该热敏电阻器正常；若检测常温和温度变化后的阻值相同时，则表明该热敏电阻器可能损坏。

## 13.15 电动自行车霍尔元件的检测案例

图 13-36 为霍尔元件在电动自行车调速转把中的功能。电动自行车加电后，通过调速转把可以将控制信号送入控制器中，控制器根据信号的大小控制电动自行车中电动机的转速。

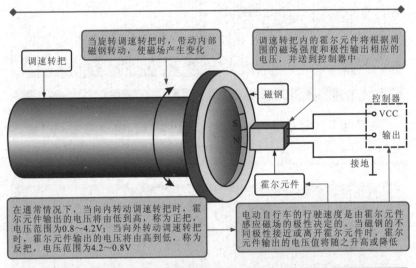

图 13-36　霍尔元件在电动自行车调速转把中的功能

判断霍尔元件是否正常时，可使用万用表分别检测霍尔元件引脚间的阻值，具体检测方法如图 13-37 所示。

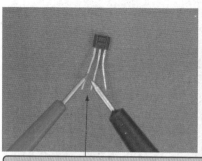

【1】将万用表的量程旋钮调至"×1k"欧姆档，并进行欧姆调零，红、黑表笔分别搭在霍尔元件的供电端和接地端

【2】测得两引脚间的阻值为0.9kΩ

【3】保持黑表笔位置不动，将红表笔搭在霍尔元件的输出端

【4】测得两引脚间的阻值为8.7kΩ

图13-37　霍尔元件的检测方法

## 13.16　吸尘器电路中吸力调整电位器的检测案例

　　吸力调整电位器主要是用于调整涡轮式抽气机风力的大小，通常位于吸尘器的外壳上，与吸尘器上的吸力调整旋钮连接，如图13-38所示。通过转动旋钮至不同的位置，可改变电位器的阻值大小，进而改变吸尘器的电动机转速。

　　若吸力调整电位器发生损坏，可能会导致吸尘器控制失常。当吸尘器出现该类故障时，应先对吸力调整电位器进行检修，一般可以使用万用表欧姆档检测吸力调整电位器位于不同档位时电阻值的变化情况，来判断好坏。吸力调整旋钮的检测方法如图 13-39 所示。

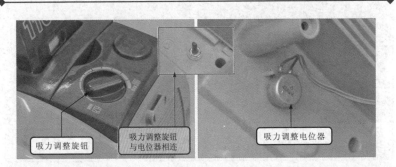

吸力调整旋钮　　　吸力调整旋钮与电位器相连　　　吸力调整电位器

图 13-38　吸尘器电路中的吸力调整电位器

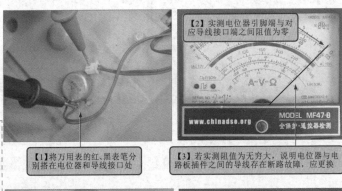

【2】实测电位器引脚端与对应导线接口端之间阻值为零

【1】将万用表的红、黑表笔分别搭在电位器和导线接口处

【3】若实测阻值为无穷大，说明电位器与电路板插件之间的导线存在断路故障，应更换

扫一扫看视频

【4】将吸力调整旋钮电位器调整至最大

【5】正常情况下，万用表阻值应为零

【6】最大档位时，电位器的电阻值趋于零，使涡轮抽气驱动电动机供电电压最高，转速最快，吸尘器的吸力最强

图 13-39　吸力调整旋钮的检测方法

【10】在正常情况下，测得的阻值为40Ω左右

【8】在正常情况下，测得的阻值为20Ω左右

【9】将吸力调整旋钮电位器调整至最小档

【7】将吸力调整旋钮电位器调整至中档

图 13-39　吸力调整旋钮的检测方法（续）

## 13.17　吸尘器电路中涡轮式抽气机的检测案例

图 13-40 为吸尘器中涡轮式抽气机的结构。从图中可以看到，涡轮式抽气机主要包括两部分：一部分为涡轮抽气装置，内有涡轮叶片；另一部分为涡轮驱动电动机。

涡轮式抽气机

涡轮抽气装置

涡轮抽气装置

涡轮叶片

图 13-40　吸尘器中涡轮式抽气机的结构

涡轮驱动电动机是涡轮式抽气机中的主要电气部件，工作时，可带动周围的空气沿着涡轮叶片的轴向运动，如图 13-41 所示。

在吸尘器中，涡轮驱动电动机主要为单相交流电动机，多采用有刷电动机。

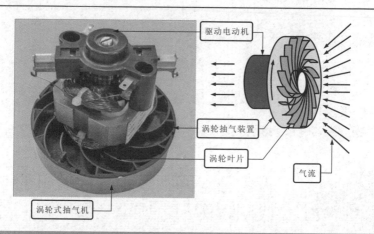

图 13-41　涡轮式抽气机的功能示意图

　　涡轮式抽气机是吸尘器中实现吸尘功能的关键器件，通电后若吸尘器出现吸尘能力减弱、无法吸尘或开机不动作等故障时，在排除电源线、电源开关、起动电容以及吸力调整旋钮的故障外，还需要重点对涡轮式抽气机的性能进行检测。

　　若怀疑涡轮式抽气机出现故障时，应当先对其内部的减振橡胶块和减振橡胶帽进行检查，确定其正常后，再使用万用表对驱动电动机绕组进行检测。图 13-42 为驱动电动机及定子、转子绕组，电刷的连接关系。

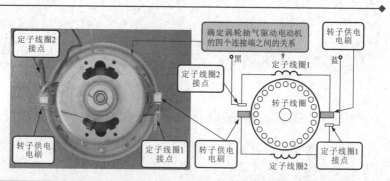

图 13-42　驱动电动机及定子、转子绕组、电刷的连接关系

涡轮式抽气机的检修方法如图 13-43 所示。

【1】将万用表的红表笔搭在定子线圈2接点上

【2】将万用表的黑表笔搭在转子供电电刷上

【3】正常情况下，万用表的阻值应接近零

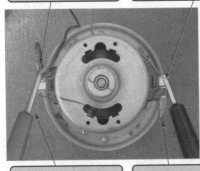

【4】将万用表的红表笔搭在转子供电电刷上

【5】将万用表的黑表笔搭在定子线圈1接点上

【6】正常情况下，万用表的阻值应为0Ω

扫一扫看视频

【7】将万用表的红黑表笔分别搭在转子连接端上

【8】正常情况下，万用表指针处于摆动状态

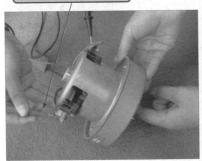

图 13-43　涡轮式抽气机的检修方法

## 13.18　微波炉电路中磁控管的检测案例

磁控管是微波发射装置的主要器件，主要功能是产生和发射

微波信号。通过微波天线（发射端子）将由电能转换成微波能的微波信号送入炉腔，加热食物。磁控管实物外形如图13-44所示。

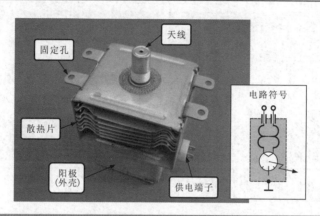

图13-44　磁控管的实物外形

磁控管是微波发射装置的主要器件，可将电能转换成微波能辐射。当磁控管出现故障时，微波炉会出现转盘转动正常，但微波的食物不热的故障。检测磁控管，可在断电状态下检测磁控管的灯丝端、灯丝与外壳之间的阻值，如图13-45所示。

用万用表测量磁控管灯丝阻值的各种情况如下：

1）磁控管灯丝两引脚间的电阻值小于$1\Omega$为正常。

2）若实测阻值大于$2\Omega$，则多为灯丝老化，不可修复，应整体更换磁控管。

3）若实测阻值为无穷大，则为灯丝烧断，不可修复，应整体更换磁控管。

4）若实测阻值不稳定变化，多为灯丝引脚与磁棒电感线圈焊口松动，应补焊。

用万用表测量灯丝引脚与外壳间阻值的各种情况如下：

1）磁控管灯丝引脚与外壳间的阻值为无穷大为正常。

2）若实测有一定阻值，则多为灯丝引脚相对外壳短路，应修复或更换灯丝引脚插座。

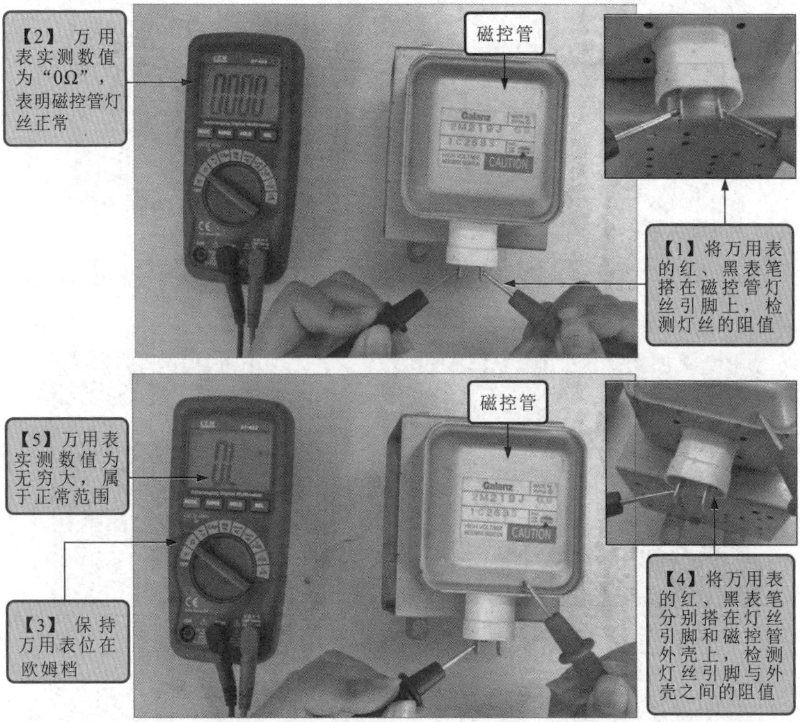

【2】万用表实测数值为"0Ω"，表明磁控管灯丝正常

磁控管

【1】将万用表的红、黑表笔搭在磁控管灯丝引脚上，检测灯丝的阻值

【5】万用表实测数值为无穷大，属于正常范围

磁控管

【3】保持万用表位在欧姆档

【4】将万用表的红、黑表笔分别搭在灯丝引脚和磁控管外壳上，检测灯丝引脚与外壳之间的阻值

图13-45　微波炉中磁控管的检测方法

## 13.19　微波炉电路中高压变压器的检测案例

高压变压器作为发射装置的辅助器件，主要用来为磁控管提供高压电压和灯丝电压的，如图13-46所示。

当高压变压器损坏时，将引起微波炉出现不工作的故障。

检测高压变压器可在断电状态下，通过检测高压变压器各绕组之间的阻值来判断高压变压器是否损坏，如图13-47所示。

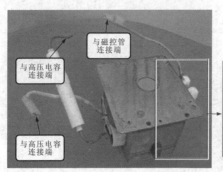

与磁控管
连接端

与高压电容
连接端

与高压电容
连接端

电源输入端

图 13-46　高压变压器

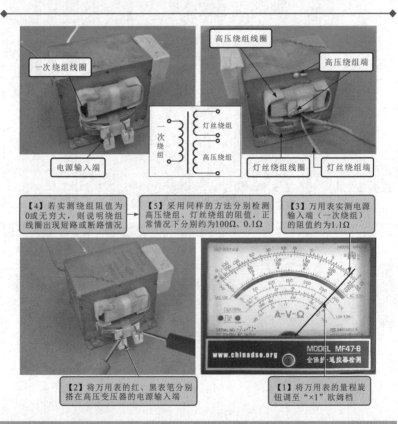

一次绕组线圈

高压绕组线圈

高压绕组端

电源输入端

灯丝绕组线圈　灯丝绕组端

一
次
绕
组

灯丝绕组

高压绕组

【4】若实测绕组阻值为0或无穷大，则说明绕组线圈出现短路或断路情况

【5】采用同样的方法分别检测高压绕组、灯丝绕组的阻值，正常情况下分别约为100Ω、0.1Ω

【3】万用表实测电源输入端（一次绕组）的阻值约为1.1Ω

【2】将万用表的红、黑表笔分别搭在高压变压器的电源输入端

【1】将万用表的量程旋钮调至"×1"欧姆档

图 13-47　微波炉中高压变压器的检测方法

## 13.20　微波炉电路中高压电容器的检测案例

高压电容器是微波炉中微波发射装置的辅助器件，主要是起着滤波的作用，图 13-48 为高压电容器的安装位置和实物外形。

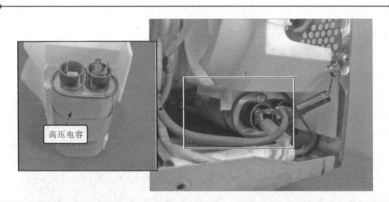

图 13-48　高压电容器的安装位置和实物外形

若高压电容器变质或损坏，常会引起微波炉出现不开机、不微波的故障。

检测高压电容器时，可用数字万用表来判断其好坏，如图 13-49 所示。

扫一扫看视频

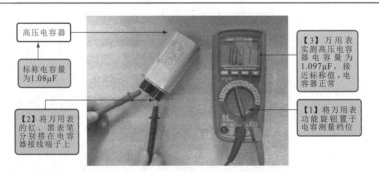

高压电容器

标称电容量为1.08μF

【2】将万用表的红、黑表笔分别搭在电容器接线端子上

【3】万用表实测高压电容器电容量为1.097μF，接近标称值，电容器正常

【1】将万用表功能旋钮置于电容测量档位

图 13-49　微波炉中高压电容器的检测方法

## 13.21 电冰箱电路中保护继电器的检测案例

保护继电器是电冰箱压缩机的重要保护器件，一般安装在压缩机接线端子附近。当压缩机温度过高时，便会断开内部触点，控制电路检测到保护继电器的触点状态，就会切断变频压缩机的供电，从而起到保护作用。

图 13-50 为保护继电器的安装位置和实物外形。

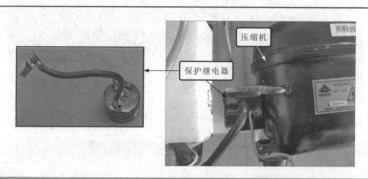

图 13-50　保护继电器的安装位置和实物外形

图 13-51 为保护继电器内部的结构组成。

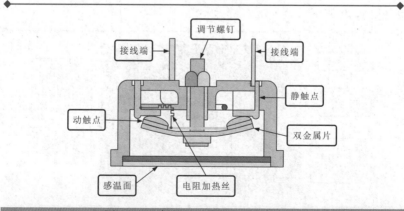

图 13-51　保护继电器内部的结构组成

保护继电器的过电流保护原理如图 13-52 所示。在该过程中，保护继电器内部电阻加热丝和蝶形双金属片起主要作用。

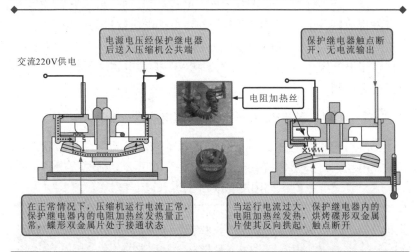

电源电压经保护继电器后送入压缩机公共端

保护继电器触点断开，无电流输出

交流220V供电

电阻加热丝

在正常情况下，压缩机运行电流正常，保护继电器内的电阻加热丝发热量正常，蝶形双金属片处于接通状态

当运行电流过大，保护继电器内的电阻加热丝发热，烘烤碟形双金属片使其反向拱起，触点断开

图 13-52　保护继电器的过电流保护原理

当压缩机的运行电流正常时，保护继电器内的电阻加热丝微量发热，碟形双金属片受热较低，处于正常工作状态，动触点与接线端子上的静触点处于接通状态，通过接线端子连接的线缆将电源传输到压缩机动机绕组上，压缩机得电起动运转。

当压缩机的运行电流过大时，保护继电器内的电阻加热丝发热，烘烤碟形双金属片，使其反向拱起，保护触点断开，切断电源，压缩机断电停止运转。

另外，保护继电器的感温面实时检测压缩机的温度变化。当压缩机温度正常时，保护继电器的双金属片上的动触点与内部的静触点保持原始接触状态，通过接线端子连接的线缆将电源传输到压缩机电动机绕组上，压缩机得电起动运转。

当压缩机内温度过高时，必定使机壳温度升高，保护继电器受到压缩机壳体温度的烘烤，双金属片受热变形向下弯曲，带动其动触点与内部的静触点分离，断开接线端子所接线路，压缩机断电停止运转，可有效防止压缩机内部因温度过高而损坏。

若保护继电器损坏，将无法对压缩机的异常情况进行监测和保护，可能会造成压缩机因过热烧毁或压缩机频繁起停的故障。

因此当怀疑保护继电器损坏时，可首先对保护继电器进行检测，一旦发现故障，就需要寻找可替代的新保护继电器进行代换。

对保护继电器进行检测，可分别在常温状态下和人为对保护继电器感温面升温条件下，借助万用表对保护继电器两引线端子间的阻值进行检测。

 **1. 对常温状态下的待测保护继电器进行检测**

将万用表的表笔分别搭在保护继电器的两引脚上，常温状态下使用万用表测得的阻值应接近于零，若阻值过大，则说明保护继电器损坏，应进行更换，如图13-53所示。

保护继电器

图13-53　常温状态下的保护继电器的检测方法

 **2. 对高温状态下的待测保护继电器进行检测**

将万用表的表笔分别搭在保护继电器的两引脚上，用电烙铁靠近保护继电器的底部。高温情况下，用万用表测得的阻值应为无穷大，若不正常，则说明保护继电器损坏，应进行更换，如图13-54所示。

若保护继电器损坏，变频压缩机会出现不起动或过载烧毁等情况，此时就需要根据损坏保护继电器的规格选择适合的保护继电器进行更换。

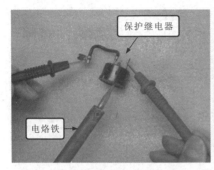

图 13-54　高温状态下保护继电器的检测方法

## 13.22　电冰箱电路中温度传感器的检测方法

电冰箱通常采用温度传感器（即热敏电阻器）对箱室温度、环境温度等进行检测，控制电路根据检测对电冰箱的制冷进行控制。

对于温度传感器的检测，可使用万用表测量温度传感器在不同温度下的阻值，然后将万用表测量的实测值与正常值进行比较，即可判断温度传感器好坏。

 **1. 对放在冷水中的温度传感器的阻值进行检测**

首先将温度传感器放入冷水中，然后分别将红、黑表笔搭在该温度传感器插件的对应两引脚上。正常情况下，万用表测得的阻值应比常温状态下大，若阻值无变化或变化量很小，说明该温度传感器可能已损坏，如图 13-55 所示。

 **2. 对放在热水中的温度传感器阻值进行检测**

首先将温度传感器放入热水中，然后分别将红、黑表笔搭在该温度传感器插件的对应两引脚上。正常情况下，万用表测得的阻值应比常温状态下小，若阻值无变化或变化量很小，说明该温度传感器可能已损坏，如图 13-56 所示。

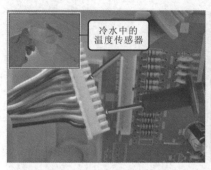

图 13-55　冷水中的温度传感器阻值的检测方法

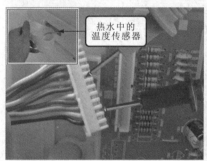

图 13-56　热水中的温度传感器阻值的检测方法

　　若温度传感器损坏，电冰箱的制冷将会出现异常等情况，此时就需要根据损坏温度传感器的规格选择适合的器件进行更换。

## 13.23　空调器中贯流风扇组件的检测案例

　　空调器贯流风扇组件主要用于实现室内空气的强制循环对流，使室内空气进行热交换。它通常位于空调器蒸发器下，横卧在室内机中。贯流风扇组件一般包含贯流风扇扇叶、贯流风扇驱动电动机两大部分，如图 13-57 所示。目前空调器室内机多数采用强制通风对流的方式进行热交换，因此室内机的风扇组件主要是加速空气的流动。

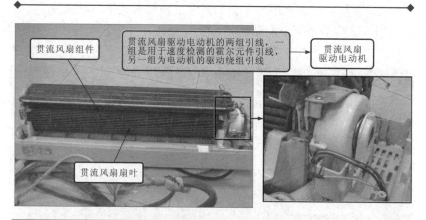

图 13-57　贯流风扇组件的基本构成（分体壁挂式空调器室内机）

室内机贯流风扇组件出现故障时，多表现为出风口不出风、制冷效果差、室内温度达不到指定温度等现象。当室内机出现上述故障时，应重点对室内风扇组件进行检查。

对于贯流风扇组件的检测，应首先检查贯流风扇扇叶是否变形损坏。若没有发现机械故障，再对贯流风扇驱动电动机（电动机绕组、霍尔元件）进行检查。

将万用表红表笔搭在电动机连接插件的②脚上，黑表笔搭在电动机连接插件的①脚上。将万用表调至"×100"欧姆档。正常情况下，万用表应检测到①、②脚间的阻值为750Ω。②、③脚与①、③脚之间的阻值检测方法与①、②脚相同。正常情况下，测得②、③脚之间的阻值应为350Ω，①、③脚之间的阻值应为350Ω。若检测到的阻值为零或无穷大，说明该贯流风扇驱动电动机损坏，需进行更换；若经检测正常，则应进一步对其内部霍尔元件进行检测，如图 13-58 所示。

将万用表红表笔搭在霍尔元件连接插件的①脚上，黑表笔搭在霍尔元件连接插件的③脚上，将万用表量程调至"×100"欧姆档。正常情况下，万用表检测到①、③脚间的阻值应为600Ω，①、②脚与②、③脚之间阻值的检测方法与①、③脚之间相同。正常情况下，测得①、②脚之间的阻值应为 2000Ω，②、③脚之间的阻值应为 3050Ω，若检测到的阻值为零或无穷大，则说明该驱动电动机的霍尔元件损坏，需整体更换电动机，如图 13-59 所示。

图 13-58 检测驱动电动机绕组阻值

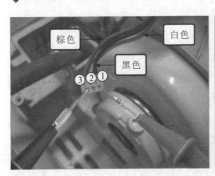

图 13-59 检测霍尔元件阻值

## 13.24 组合音响中音频信号处理集成电路的检测案例

图 13-60 为典型组合音响中的音频信号处理集成电路 M62408FP 的实物外形及主要引脚功能。

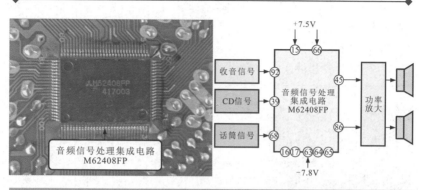

图 13-60　M62408FP 的实物外形及主要引脚功能

检测时，可借助示波器检测 M62408 的输入和输出端的音频信号波形，从而判断该类芯片是否正常，如图 13-61 所示。

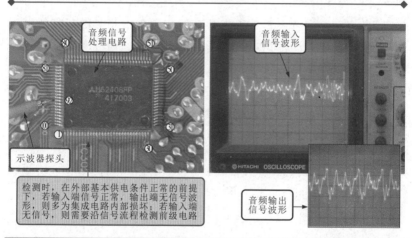

图 13-61　音频信号处理集成电路的检测方法

## 13.25　组合音响中音频功放电路的检测案例

音频功放电路是组合音响中将音频信号进行功率放大的公共处

理电路部分，若发生故障时，则会造成组合音响的声音失常，需要根据具体故障表现进行检修。

在典型组合音响中采用了型号为 SV13101D（IC501）的集成电路作为音频功放器件，其外形及各引脚电压参考值如图 13-62 所示。

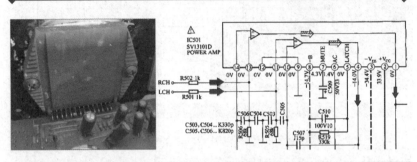

图 13-62　音频功率放大器 SV13101D 的实物外形及各引脚电压参考值

判断音频功率放大器是否正常可用万用表检测关键引脚的电压值。若实测结果与所标识电压参考值偏差过大，则说明所测部位及关联部位存在异常；若供电及输入信号正常，而无输出信号时，则说明该音频功率放大器已损坏。

🔶 **要点说明**

　音频功率放大器的工作过程也是典型的音频信号输入、处理和输出的过程，因此可借助示波器检测其输入端和输出端的音频信号。在供电等条件正常的前提下，若输入端信号正常，无输出，则多为音频功率放大器内部损坏。